T0128070

essentials

essentials liefern aktuelles Wissen in konzentrierter Form. Die Essenz dessen, worauf es als „State-of-the-Art" in der gegenwärtigen Fachdiskussion oder in der Praxis ankommt. *essentials* informieren schnell, unkompliziert und verständlich

- als Einführung in ein aktuelles Thema aus Ihrem Fachgebiet
- als Einstieg in ein für Sie noch unbekanntes Themenfeld
- als Einblick, um zum Thema mitreden zu können

Die Bücher in elektronischer und gedruckter Form bringen das Expertenwissen von Springer-Fachautoren kompakt zur Darstellung. Sie sind besonders für die Nutzung als eBook auf Tablet-PCs, eBook-Readern und Smartphones geeignet. *essentials:* Wissensbausteine aus den Wirtschafts-, Sozial- und Geisteswissenschaften, aus Technik und Naturwissenschaften sowie aus Medizin, Psychologie und Gesundheitsberufen. Von renommierten Autoren aller Springer-Verlagsmarken.

Weitere Bände in der Reihe http://www.springer.com/series/13088

Thomas Koch

Diesel – eine sachliche Bewertung der aktuellen Debatte

Technische Aspekte und Potenziale zur Emissionsreduzierung

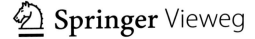

Thomas Koch
Karlsruhe, Deutschland

ISSN 2197-6708   ISSN 2197-6716   (electronic)
essentials
ISBN 978-3-658-22210-9   ISBN 978-3-658-22211-6   (eBook)
https://doi.org/10.1007/978-3-658-22211-6

Die Deutsche Nationalbibliothek verzeichnet diese Publikation in der Deutschen Nationalbiblio-
grafie; detaillierte bibliografische Daten sind im Internet über http://dnb.d-nb.de abrufbar.

Springer Vieweg
© Springer Fachmedien Wiesbaden GmbH, ein Teil von Springer Nature 2018

Gedruckt auf säurefreiem und chlorfrei gebleichtem Papier

Springer Vieweg ist ein Imprint der eingetragenen Gesellschaft Springer Fachmedien Wiesbaden
GmbH und ist ein Teil von Springer Nature
Die Anschrift der Gesellschaft ist: Abraham-Lincoln-Str. 46, 65189 Wiesbaden, Germany

Was Sie in diesem *essential* finden können

- Grundlagenwissen zur Verbrennung
- Grundlagenwissen zur motorischen Emissionsbildung
- Technische Erläuterungen zum Diesel
- Wirkungsgrad, Verbrauch und CO_2-Emissionen
- Rechtliche Randbedingungen zur Emissionsgesetzgebung

Vorwort

Keine Wärmekraftmaschine ist – insbesondere von der europäischen und gerade der deutschen Industrie – derart intensiv weiterentwickelt worden, wie der Dieselmotor. Der entscheidende Vorteil des Dieselmotors, nämlich der hohe Wirkungsgrad beziehungsweise günstige Kraftstoffverbrauch, konnte in den letzten Jahren kombiniert werden mit weiteren attraktiven Merkmalen, die insbesondere in der Automobilindustrie entscheidend sind. Eine hohe Leistung, ein ansprechendes Drehmoment, mittlerweile sehr eindrückliche Komfortverbesserungen sind einige positive Merkmale. Dem Entwickler von Dieselmotoren ist jedoch schon immer bekannt, dass sich die wichtige Emissionsreduzierung ungleich anspruchsvoller darstellt als bei konventionellen Ottomotoren.

Spätestens seit September 2015 und den nachfolgenden Monaten ist der breiten Öffentlichkeit im Zuge umfangreicher Nachmessungen von Dieselfahrzeugen mit Hilfe von portablen Emissionsmessgeräten PEMS (Portable Emission Measurement System) bekannt, dass die Emissionskomponente Stickstoffoxid (kurz: Stickoxid, oder auch: NO_x) ganz offensichtlich eine große dieselmotorische Herausforderung darstellt.

Auf der Basis von Nachmessungen von verschiedenen Applikationen für den nordamerikanischen Markt sind zunächst vor allem zwei Volkswagen Fahrzeugtypen mit 4-Zylindermotoren in den Mittelpunkt des Interesses gerutscht. Im Zuge umfangreicher Überprüfungen wurden weitere Fahrzeugvarianten mit Sechszylindermotoren Gegenstand von tiefer greifenden Nachforschungen.

Ebenfalls ist der Dieselmotor auch in Europa in den Blickpunkt des öffentlichen Interesses geraten, da die dieselmotorischen NO_x-Emissionen der Fahrzeuge der letzten zehn Jahre im Realbetrieb höher als der Grenzwert ausfallen, der bislang in einem Referenzzyklus überprüft wurde.

Prinzipiell ist ein Verstoß gegen Gesetze nicht akzeptabel. Dies ist unstrittig. Gleichzeitig sind im Zuge der allgemeinen Berichterstattung viele Sachverhalte in einer Art und Weise dargestellt worden, die technisch unpräzise sind, oftmals falsch oder auch den Schwierigkeiten der Entwicklung nicht gerecht werdend. In diesem Spannungsfeld eines einerseits nicht akzeptablen Verstoßes gegen Gesetze auf der einen Seite und komplexen Schwierigkeiten der Dieselmotorentwicklung auf der anderen Seite stellt eine nüchterne Sachanalyse ebenfalls eine nicht einfache Gratwanderung dar.

Aus diese Grund will ich dem technisch interessierten Leser mit diesen Ausführungen genauere Einblicke ermöglichen, mit welchen Herausforderungen die Entwicklung von Dieselmotoren verbunden ist. Diese Entwicklung, oftmals haarscharf an der Grenze des technisch Möglichen, hat in den letzten 15 Jahren zahlreiche Schwierigkeiten zu lösen gehabt. Oft haben sich diese diversen Schwierigkeiten in der letzten Konsequenz auf die Reduzierung der NO_x-Emission zurückführen lassen. Diese Schwierigkeiten waren mit den meisten Technologien, die in diesem Zeitfenster serienreif zur Verfügung standen, nur bedingt zu lösen. Technische Zielkonflikte sind entstanden, die in Teilen gerade noch befriedigend und in anderen Teilen unbefriedigend gelöst wurden.

Diese Schwierigkeiten sind aus chemischer und physikalischer Sicht die gleichen, mit denen ich in meiner Zeit bei der Daimler AG zwischen 2003 und 2013 zu kämpfen hatte. In der Nutzfahrzeugmotorenentwicklung war die Hauptaufgabe die Entwicklung und serienfähige Ausführung einer neuen mittleren Motorenbaureihe für Nutzfahrzeuganwendungen mit einer Antriebsleistung zwischen 115 und 260 kW. Andere Gesetzesvorgaben, andere Fahrzeugrandbedingungen und die höheren Abgasmassenströme dieser Fahrzeuge im Vergleich mit PKWs bedingten schon immer eine gesteigerte Aufmerksamkeit bei der Entwicklung dieser Produkte. Es ist sicherlich eine stolze Leistung, wenn ein Stadtbus oder Lastkraftwagen in vielen Fahrsituationen deutlich weniger NO_x-Emissionen ausstößt als ein typischer Personenwagen. Dies zeigt das Potenzial der Dieseltechnologie im Allgemeinen. Zum Glück wird dieses Potenzial nun auch bei den ersten ganz neuen Diesel-PKW-Fahrzeugen gehoben. Mit dieser neuesten Generation kann das NO_x-Thema in der Tat als technisch gelöst betrachtet werden. Der Weg dorthin ist jedoch sehr lange und steinig gewesen.

Die Kenntnis dieser Schwierigkeiten ist mir daher ein wichtiger Antrieb auch in der täglichen Lehre und Forschungsarbeit und soll deshalb im Rahmen dieser Ausführungen nicht zu kurz kommen.

Unglücklicherweise wird die NO_x-Emissionsthematik aktuell gekoppelt mit der Verbrauchs- beziehungsweise CO_2-Thematik. Auch dieses Themenfeld wird aufbereitet. Schließlich ist die Herausforderung der nächsten 20 bis 30 Jahre die Reduzierung der fossilen CO_2-Emissionen.

Der Dieselmotor beziehungsweise die Dieselmotorenentwickler haben zwischenzeitlich ihre Hausaufgaben wahrlich beeindruckend gemacht. In der heutigen allgemeinen Aufregung sind die vollbrachten Leistungen jedoch nicht gut wahrnehmbar. Viele heutige EURO6-Fahrzeuge der ersten Generation weisen noch immer höhere NO_x-Realemissionen auf als die 80 mg NO_x/km. Dies ist sowohl technisch als auch juristisch durchaus nachvollziehbar, jedoch führt der Sachverhalt zu öffentlicher Kritik. Gleichwohl befindet sich bereits eine ganz neue Fahrzeuggeneration in der Feldeinführung, die eine Fahrzeugüberwachung auch im Feld unter realen Betriebsbedingungen vorsieht und dabei die Real Driving Emission RDE-Gesetzgebung EURO6$_{dtemp}$ erfüllt. Mit diesen Fahrzeugen, die seit fast einer guten Dekade in der Entwicklung stecken, sind die Emissionsthemen des Dieselmotors endlich technisch gelöst.

So ergibt sich für den interessierten Leser ein uneinheitliches Bild. EURO6-Fahrzeuge der ersten Generation, die mittlerweile nicht mehr den neuesten Stand der Technik darstellen, können aktuell kaum von Fahrzeugen der neuesten Fahrzeuggeneration unterschieden werden. Das mittlerweile technisch Mögliche ist sicherlich nicht in vielen EURO6-Fahrzeugen der ersten Generation abgebildet. Diese Diskrepanz und die mittlerweile erzielten, zweifellos auch notwendigen Erfolge werden in diesen Ausführungen genauer erläutert.

So hoffe ich, mit diesen Ausführungen einen Beitrag zur Versachlichung der Debatte beisteuern zu können. In diesem Zusammenhang danke ich den vielen Mitarbeitern des Instituts für Kolbenmaschinen am KIT, die in geduldiger Arbeit zahlreiche Facetten der Thematik aufbereiteten. Insbesondere danke ich Herrn Felix Rosenthal für die wertvolle Unterstützung bei der Ausarbeitung dieses Buches.

Der Dieselmotor ist auch aus Umweltgesichtspunkten ein unverzichtbarer Baustein für viele Anwendungen. Die gemachten Fehler der Vergangenheit werden sicherlich dazu führen, dass die Öffentlichkeit mit einer erhöhten Sensibilität und Wachsamkeit das NO_x-Emissionsverhalten des Dieselmotors weiter verfolgen wird. Dies ist zugleich eine große Chance für diese Wärmekraftmaschine. Sowohl beim Emissionsverhalten als auch bei der Immissionsbelastung wird in den nächsten Monaten und Jahren eine weitere deutliche Verbesserung eintreten. So kann bereits heute festgestellt werden, dass uns der Dieselmotor noch sehr lange als treuer und unbedenklich sauberer Gefährte begleiten wird.

Thomas Koch

Inhaltsverzeichnis

Einleitung, Emissionen und Immissionen

1

1.1 Grundlagen der Verbrennung

Bei jedem Verbrennungsvorgang (menschlicher, tierischer oder pflanzlicher Organismus, anthropogene Verbrennung) entsteht zwangsläufig und nicht vermeidbar durch die Oxidation des Ausgangsstoffes Kohlenstoff (chemisches Element C) ein Reaktionsprodukt Kohlenstoffdioxid CO_2. Typischerweise liegt nicht reiner Kohlenstoff als Energielieferant vor, sondern sogenannte Kohlenwasserstoffe, also ein Molekül, bestehend aus Kohlenstoff C in der Anzahl x und Wasserstoff H mit der Anzahl y mit der allgemein gehaltenen Zusammensetzung C_xH_y. Bei der Verbrennung dieses Kohlenwasserstoffes C_xH_y, also der Oxidation von C_xH_y mit Sauerstoff O_2, resultiert zwangsläufig Kohlenstoffdioxid und Wasser H_2O als entsprechendes Verbrennungsprodukt.

So ist die Verbrennung von Holz, Kohle, Kohlenhydraten, Erdgas oder flüssigen Kohlenwasserstoffen, allgemein bekannt als Brennstoffe – wie zum Beispiel Benzin, Heizöl, Diesel, Kerosin – sehr ähnlich. Lediglich der Anteil der Abgasbestandteile CO_2 und H_2O unterscheidet sich. Bei reiner Kohle entsteht beispielsweise kein Wasser im Abgas.

▶ Die Bildung von CO_2 skaliert also linear mit dem verbrannten Kohlenstoff. Doppelter Verbrauch des Ausgangsbrennstoffes bedeutet doppelte CO_2-Bildung. Der CO_2-Gehalt hat keinen maßgeblichen direkten Einfluss auf die Gesundheit. CO_2 gilt auch nicht als Luftschadstoff. Natürlich ist die Herausforderung unserer Generation, den fossilen CO_2-Ausstoß signifikant zu reduzieren. Dies ist die eigentliche Aufgabe, vor der wir stehen.

© Springer Fachmedien Wiesbaden GmbH, ein Teil von Springer Nature 2018
T. Koch, *Diesel – eine sachliche Bewertung der aktuellen Debatte*, essentials,
https://doi.org/10.1007/978-3-658-22211-6_1

Neben CO_2 und H_2O als unvermeidbare Verbrennungsprodukte gibt es zusätzlich die sogenannten theoretisch vermeidbaren oder auch unerwünschten Verbrennungsprodukte. Diese können bei entsprechend hoher Konzentration gesundheitsschädlich sein. Prinzipiell bezeichnet man eine Komponente im Abgas als Emission (lat. emittere: ausstoßen). Im Gegensatz hierzu kennzeichnet die Immission (lat. immittere: eindringen) die Konzentration einer Komponente in der Umgebungsluft.

Typische theoretisch vermeidbare, unerwünschte Verbrennungsprodukte sind im Folgenden aufgeführt:

Unverbrannte Kohlenwasserstoffe, sogenannte HC-Emissionen

Bei einer nicht vollständigen Verbrennung entstehen HC-Emissionen, da der Kraftstoff nicht vollständig oxidiert werden kann. HC-Emissionen werden alleine schon deshalb nach Kräften reduziert, da eine unvollständige Verbrennung natürlich den Wirkungsgrad reduziert. Bei modernen Verbrennungsmotoren werden die letzten verbliebenen HC-Emissionen im betriebswarmen Zustand vollständig in einem oder mehreren Abgaskatalysatoren oxidiert, also eliminiert. Mit HC-Konzentrationen unter 50 µg/m³ im Abgas liegt diese typischerweise unter HC-Konzentration der Umgebungsluft oberhalb von 100 µg/m³. Sie können also die Luft in Städten reinigen! HC sind nur unmittelbar nach dem Kaltstart, wenn der Verbrennungsmotor und vor allem die Abgasnachbehandlung nicht auf Betriebstemperatur sind, überhaupt relevant, ansonsten bedeutungslos. Die Umweltmessstationen zeichnen diese Komponente typischerweise gar nicht mehr auf. Im Volllastbereich gibt es bei Ottomotoren noch einen HC-Beitrag durch die Volllast-Anfettung. Der HC-Beitrag der Verbrennungsmotoren (Otto- und Dieselmotoren) ist trotzdem vernachlässigbar. Bei der Volllast-Anfettung wird bis zu ca. 20 % mehr Kraftstoff als benötigt eingespritzt. Durch die Verdampfungswärme des Kraftstoffes erfolgt eine erwünschte Kühlung. Auch wenn der Beitrag zur lokalen HC-Immissionsbelastung gering ist, so wird diese Technologie der Volllast-Anfettung in Zukunft der Vergangenheit angehören. Kraftstoffeinsparung sowie niedrigste Emissionsforderungen bedingen diesen sinnvollen Schritt.

▶ HC-Emissionen sind eine mit der Nase deutlich wahrnehmbare Komponente (zur Erläuterung und allgemeinen Information erläutere ich die Emissionskomponente über die Geruchswahrnehmbarkeit), die man beispielsweise bei Oldtimern wahrnehmen kann. Der „klassische" Abgasgeruch von Ottomotoren (4-Takt und 2-Takt) kommt von HC-Emissionen. Sie sind bei modernen Fahrzeugen nicht mehr relevant.

Kohlenstoffmonoxid, sogenannte CO- Emissionen

Für CO gilt das Gleiche wie für HC im oben stehenden Absatz. CO wirkt in hoher Dosierung toxisch, da es eine ca. 200-fach höhere Affinität zum Hämoglobin als Sauerstoff aufweist. Aufgrund der sehr guten Oxidationsneigung des gasförmigen CO erfolgt eine Oxidation von verbliebenen CO-Molekülen aus der Verbrennung schon bei Temperaturen um 120 bis 140 °C in der Abgasnachbehandlung. Somit ist der CO-Ausstoß moderner Fahrzeuge besonders gering, da eine solch niedrige Temperatur der Abgasnachbehandlung schnell nach dem Start erreicht wird.

▶   CO-Emissionen sind mit der Nase nicht wahrnehmbar. CO-Emissionen
     von Verbrennungsmotoren sind nicht mehr relevant.

Partikelemissionen

Größte Aufmerksamkeit der Öffentlichkeit haben Partikelemissionen. Unstrittig sind zahlreiche wissenschaftliche Publikationen, welche das toxische Verhalten von Partikeln in entsprechender Konzentration auf den menschlichen Organismus nachweisen. Auf eine genauere Differenzierung verschiedener Partikel wird an dieser Stelle verzichtet. Bei der Immissionsgesetzgebung werden vor allem PM10-Partikel zusammengefasst, also alle Partikel mit einer Größe unterhalb von 10 µm.

Erhöhte Partikelkonzentration in der Luft kann zu einem Feinstaubalarm führen. Dieser wurde in Stuttgart im Frühjahr 2017 bereits mehrmals ausgerufen. In Stuttgart und Ulm ist der Beitrag der verbrennungsmotorischen Partikeln zur Gesamtbelastung jedoch nur ca. 7 % (siehe Abb. 1.1)! Dieser Anteil wiederum resultiert im Wesentlichen aus zahlreichen Altfahrzeugen ohne Partikelfilter der Gesamtfahrzeugflotte. Mit der Einführung des Partikelfilters ist der Partikelbeitrag des Dieselmotors vernachlässigbar. Messungen zeigen eine geringere Partikelkonzentration des Abgases gegenüber der Stadtluft bei Dieselmotoren mit Partikelfilter DPF (Diesel-Partikel–Filter, s. Abb. 1.2).

Insgesamt sind in Europa die Partikelemissionen der Emittenten Industrie und Verkehr in den letzten zehn Jahren deutlich reduziert worden. Die Emissionen der Segmente Landwirtschaft, private Haushalte, Energiebereitstellung oder Abfallwirtschaft sind jedoch angestiegen (European Environment Agency 2015). Auch die oben beschriebene Tatsache, dass Verbrennungsmotoren nur untergeordnet zur Partikelbelastung beitragen, ist nicht neu (Hak et al. 2010). Wissenschaftliche Studien zeigen, dass auch bei emissionsfreien Verbrennungsmotoren der Verkehr durch Aufwirbelungen, Bremsstaub, Verschleiß, Abrieb, Fahrbahnbelag, etc. nennenswert zur PM-Immission einen Beitrag leisten wird (Kumar et al. 2013; Dahl et al. 2006). Auch feinere Partikelemissionen (PM2.5) spielen beim

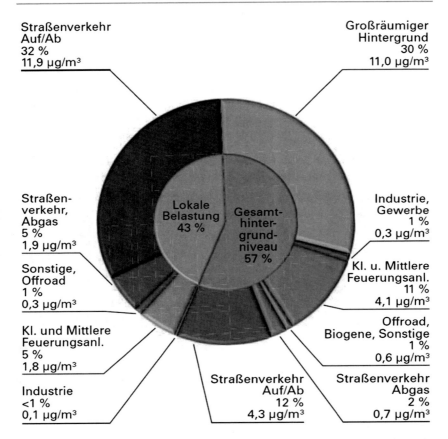

Straßenverkehr
Auf/Ab
32 %
11,9 µg/m³

Großräumiger
Hintergrund
30 %
11,0 µg/m³

Straßen-
verkehr,
Abgas
5 %
1,9 µg/m³

Sonstige,
Offroad
1 %
0,3 µg/m³

Kl. und Mittlere
Feuerungsanl.
5 %
1,8 µg/m³

Industrie
<1 %
0,1 µg/m³

Lokale
Belastung
43 %

Gesamt-
hinter-
grund-
niveau
57 %

Industrie,
Gewerbe
1 %
0,3 µg/m³

Kl. u. Mittlere
Feuerungsanl.
11 %
4,1 µg/m³

Offroad,
Biogene, Sonstige
1 %
0,6 µg/m³

Straßenverkehr
Auf/Ab
12 %
4,3 µg/m³

Straßenverkehr
Abgas
2 %
0,7 µg/m³

Abb. 1.1 Anteil der motorischen Abgase an der Partikelbelastung in Stuttgart – Umweltmessstation Stuttgart Neckartor 2015. (Quelle: LUBW Landesanstalt für Umwelt, Messungen und Naturschutz Baden-Württemberg 2016)

Diesel eine marginale Rolle, da die Partikelfilter bis zur unteren Messgrenze, die der Gesetzgeber mit mindestens 23 nm definiert (23 nm = 0,023 µm), einen hohen Abscheidegrad aufweisen.

Der Partikelfilter ist ein komplexes Bauteil, welches im Betrieb vor allem den Kohlenstoff (Ruß) filtert. Dieser muss jedoch zeitweise oder kontinuierlich verbrannt werden, um eine zu große Partikelbeladung zu vermeiden. Die Folge einer zu großen Partikelbeladung ist der Durchbrand des Partikelfilters (Abb. 1.3). Bei

Eintritt
Abgase

Austritt
Abgase

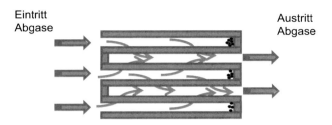

Abb. 1.2 Schematischer Aufbau eines geschlossenen Diesel-Partikelfilters. (Quelle: Eigene Darstellung)

Abb. 1.3 Folgen einer unerwünschten Partikelfilterregeneration, DPF – Durchbrand. (Quelle: Gärtner et al. 2013)

diesem Durchbrand können auch stromabwärts angebrachte Komponenten zerstört werden (z. B. SCR-Katalysator). In Abb. 1.3 ist ein Rußpartikelfilter aus Cordierit zu sehen, welcher in typischen EURO6-Systemen verwendet wird. Während dem Betrieb wurde der Partikelfilter mit deutlich mehr als der typischen Beladungsgrenze von circa 5 g Ruß pro Liter Filtervolumen beladen. Die nachfolgende Regeneration des DPF führte zur Überhitzung durch lokale Spitzentemperaturen deutlich oberhalb von 800 °C und dadurch zu einem Bruch des Filtermaterials. Es können lokale Spitzentemperaturen oberhalb von 1000 °C gemessen werden. Das Ziel der Regeneration wurde bei diesem Versuch prinzipiell erreicht, die Kohlenstoffbeladung ist danach signifikant reduziert, der Filter ist „weiß". Jedoch ist dieser Zustand der Bauteilschädigung unbedingt zu vermeiden. Im ungünstigsten Ablauf sind sogar Brandentwicklungen nicht auszuschließen, weshalb ein großer Aufwand bei der Absicherung des Partikelfilters betrieben werden muss.

▶ Partikel-Emissionen des Verbrennungsmotors sind mit der Nase typischerweise wahrnehmbar. Ihr Beitrag ist bei Motoren mit Partikelfilter über die gesamte Partikelgrößenverteilung hinweg vernachlässigbar. Der Beitrag von Ottomotoren ohne Partikelfilter ist Gegenstand der aktuellen Gesetzgebung. Es wird beginnend mit Einführung der Gesetzgebung EURO6d-Temp im September 2017 zu einer umfassenden Einführung des OPF (Otto-Partikel-Filter) kommen. Die Einführung des Dieselpartikelfilters war eine große Herausforderung. Noch heute besteht Forschungsbedarf, da sich die gebildeten Rußpartikel hinsichtlich ihres Abbrandverhaltens deutlich unterscheiden.

Stickstoffoxidemission, auch Stickoxidemission oder NO_x-Emission

Wichtig ist die Differenzierung zwischen NO_x und NO_2. NO_x ist die Zusammenfassung aller Stickstoffoxidkombinationsmöglichkeiten (insgesamt gibt es neun). Relevant sind NO, NO_2 und Lachgas N_2O. Typischerweise enthält das Abgas überwiegend NO. Bei Ottomotoren ist die NO-Emission aufgrund des typischerweise eingesetzten Drei-Wege-Katalysators geringer als bei Dieselmotoren. Die oxidierende Reaktion von verbliebenen Kohlenwasserstoffen und Kohlenmonoxid hält sich im Katalysator die Waage mit der reduzierenden Reaktion von NO_x. Im Dieselabgas, welches durch den Magerbetrieb des Dieselmotors mit Sauerstoff angereichert ist, funktioniert die reduzierende Reaktion von NO_x zu Stickstoff und Sauerstoff nicht. Aus diesem Grund sind die Stickoxide die große Herausforderung der dieselmotorischen Entwicklung.

Im weiteren Verlauf wird auf die wichtige Differenzierung zwischen NO_2 und NO eingegangen. Der Dieselmotor stößt typischerweise deutlich mehr NO als NO_2 aus. NO ist eine Substanz, welche auch im menschlichen Körper gebildet wird und sie übt verschiedene Funktionen aus. Das NO_2-Molekül nimmt ab einer gewissen Konzentration einen Einfluss auf die Gesundheit. NO_2 wird mit einer Totzeit von einigen Stunden in der Atmosphäre in einem komplizierten Mechanismus aus NO gebildet.

Lachgas N_2O wird in Zukunft als Sekundäremission ebenfalls reglementiert werden, da es beispielsweise an Kupfer-Zeolithen (ein häufig eingesetztes Substrat für die selektive katalytische Reduktion SCR) gebildet werden kann.

Der Beitrag von Verbrennungsmotoren zur lokalen NO_2-Belastung bewegt sich in der Größenordnung von circa 50 bis 70 %, wie Abb. 1.4 zeigt.

Prinzipiell gilt es, zwischen NO_x und NO_2 sowohl emissionsseitig als auch immissionsseitig zu differenzieren. Im Folgenden wird detaillierter auf diese wichtige emissions- und immissionsseitige Unterscheidung eingegangen.

Durch die wichtige, beschleunigte Einführung des Partikelfilters im letzten Jahrzehnt wurde bei der Motorenentwicklung, vor allem bei den Emissionsstufen

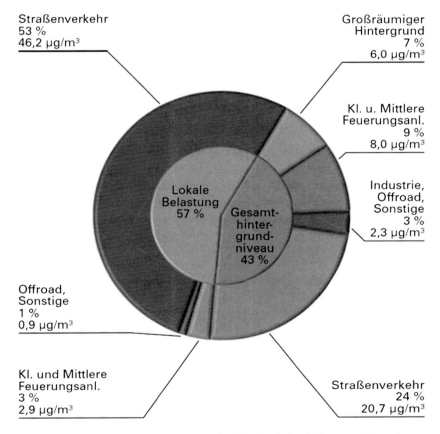

Straßenverkehr
53 %
46,2 µg/m³

Großräumiger
Hintergrund
7 %
6,0 µg/m³

Kl. u. Mittlere
Feuerungsanl.
9 %
8,0 µg/m³

Lokale
Belastung
57 %

Gesamt-
hinter-
grund-
niveau
43 %

Industrie,
Offroad,
Sonstige
3 %
2,3 µg/m³

Offroad,
Sonstige
1 %
0,9 µg/m³

Kl. und Mittlere
Feuerungsanl.
3 %
2,9 µg/m³

Straßenverkehr
24 %
20,7 µg/m³

Abb. 1.4 Anteil der motorischen Abgase an der NO_2-Immission in Stuttgart – Umweltmessstation Stuttgart Neckartor 2015. (Quelle: LUBW Landesanstalt für Umwelt, Messungen und Naturschutz Baden-Württemberg 2016)

EURO4 und EURO5, zur Vermeidung einer schnellen Rußbeladung des Partikel-filters (DPF), ein hoher NO_2-Anteil im Abgas in Kauf genommen. Durch diesen hohen NO_2-Anteil im Abgas kann der Ruß (also Kohlenstoff C) kontinuierlich zu CO_2 oxidiert werden (Continously Regenerating Trap, CRT). Gleichzeitig wird NO_2 wiederum zu NO reduziert. Dies wurde durch einen hohen Edelmetallgehalt im Dieseloxidationskatalysator (DOC, diesel oxidation catalyst) erreicht, der vor dem Partikelfilter angeordnet, das NO zu dem gewünschten NO_2 oxidiert.

Als Konsequenz ist in Summe auch der NO_2-Anteil im Abgas erhöht. Mit der Einführung der SCR-Technologie mit EURO6 für PKW hat sich dieser nach-teilige Effekt durch die Möglichkeit der Reduktion der NO_x-Emissionen im SCR wieder deutlich entschärft. An dieser Stelle muss auf den nachteiligen Einfluss von zahlreichen Dieselpartikelfilter-Nachrüstlösungen eingegangen werden. Die benötigten NO_2-Anteile im Abgas zum Schutz des Partikelfilters waren vor allem bei EURO2 bis EURO4 Nutzfahrzeugmotoren sehr hoch, da eine aktive motorische Regeneration des Partikelfilters bei diesem Technologiestand nicht möglich war. Die benötigten hohen Temperaturen im Abgas wurden mit älteren Einspritzsystemen noch nicht erreicht. Dies führt wiederum zu benötigten hohen NO_2-Anteilen im Abgas, was wiederum durch verbaute Oxidationskatalysatoren erreicht wurde, beispielsweise in nachgerüsteten Stadtbussen. Diese tragen teil-weise wesentlich zur NO_2-Immissionsbelastung bei!

Es gibt nun im Wesentlichen zwei übergeordnete Technologieansätze zur Reduzierung der Stickoxidemissionen – motorinterne Reduzierungsmaßnahmen und die Abgasnachbehandlung.

Bei einer innermotorischen NO_x-Reduzierungsstrategie ist eine Wechselwirkung mit vielen anderen Prozessgrößen (Verbrauch, Partikel, Verschmutzung, …) gegeben. Dieser Effekt beschäftigt seit vielen Jahrzehnten die Verbrennungsforschung und zeigt den prinzipiellen Konflikt, der erst mit einer zusätzlichen NO_x-Abgasnach-behandlung gelöst werden kann (Abb. 1.5).

Die entscheidende *motorinterne NO_x-Reduzierungsmaßnahme* ist die Abgas-rückführung. Entscheidendes Bauteil ist das Ventil der Abgasrückführung, sowie der Kühler (AGR-Kühler), der mit EURO4 Einzug in die Serie hielt.

Insbesondere das AGR-Ventil ist in seiner Funktionalität abhängig von der Temperatur des Abgases. Versottung und Verlackung sind Phänomene, die zum Ausfall des AGR-Ventils führen können. Bis heute sind diese Phänomene nicht vollumfänglich verstanden. Jedoch half der Erkenntnisgewinn in den letzten Jahren, um mögliche Schwierigkeiten im Feld durch eine Vielzahl an Maßnahmen wie Beschichtungen, Betriebsstrategieoptimierung oder weiterer Applikationsmaßnahmen weitestgehend zu entschärfen.

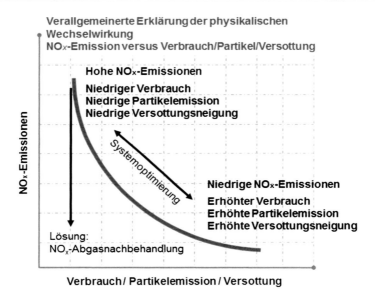

Abb. 1.5 Vereinfachte Wechselwirkung zwischen innermotorischer NO_x-Optimierung und anderen Prozessgrößen

Besonders bei den Emissionsstufen EURO4 und EURO5 sind sehr hohe Ausfallraten bis oberhalb von 10 % vor allem durch defekte AGR-Ventile bekannt – bedingt durch die nun niedrigere Abgastemperatur durch den Einsatz des AGR-Kühlers und unerwünschte Kondensationseffekte (Abb. 1.6 und 1.7).

Der wesentliche Mechanismus der Abgasrückführung ist ein thermischer Effekt. Durch die zusätzliche, gekühlte Rückführung der Verbrennungsprodukte H_2O und CO_2 in den Brennraum sinkt die Temperatur in der Verbrennungszone. In Kombination mit einer geringeren Sauerstoffkonzentration führt dies zum gewünschten Effekt der reduzierten Stickoxidbildung, die erst bei Temperaturen oberhalb von 1800 K spürbar eintritt. Durch die Abgasrückführung sinkt die Verbrennungstemperatur je nach eingestellter Rate (Abb. 1.8, AGR-Rate ist der Massenanteil an rezirkuliertem Abgas) um einige hundert Kelvin. Durch die niedrige Temperatur resultieren deutlich reduzierte Stickoxidemissionen.

Die Herausforderungen der Abgasrückführung sind neben den oben ausgeführten Verschlammungen und Versottungen vor allem die Notwendigkeit eines Druckgefälles zum AGR-Transport (s. Abb. 1.8). Ferner ist ein Kühler notwendig und das Kühlsystem erfährt eine zusätzliche Belastung. Die Dauerhaltbarkeit und

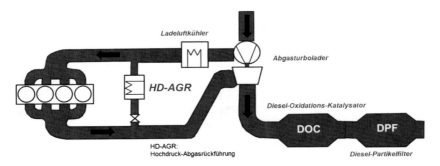

Abb. 1.6 Funktionsweise der Abgasrückführung. (Quelle: KIT, eigene Darstellung)

Versotteter AGR-Pfad   **Neues AGR-Tellerventil**   **Versottetes AGR-Tellerventil**

Abb. 1.7 Beispiele für versottete AGR-Strecke. (Quelle: Kolbenmaschinen 2015; Motor-Talk kein Datum)

Genauigkeit der Bauteile muss über der Laufzeit sichergestellt werden. Weitere Herausforderungen sind die mechanische Zunahme des Spitzendruckes des Verbrennungsmotors oder die Notwendigkeit, auf mehrere Zylinder das rezirkulierte Abgas gleichmäßig zu verteilen. Diese und weitere Herausforderungen sind bei der Auslegung zu beachten und bedürfen großer Anstrengungen. Bei modernen Motoren sind die Themen zwischenzeitlich gelöst.

Neben der innermotorischen NO_x-Reduzierung ist die *Abgasnachbehandlung* die wichtigste Technologie zur Schadstoffreduzierung. Die NO_x-Abgasnachbehandlung kann durch ein selektives katalytisches System (SCR), typischerweise ausgeführt mit einer Betankung durch die wässrige Harnstofflösung AdBlue®, realisiert werden. Diese Technologie ist anspruchsvoll, nach über zehn Jahren Felderfahrung liegen jedoch zahlreiche Erfahrungswerte vor.

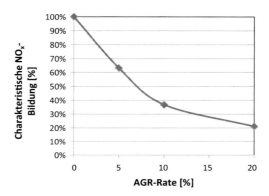

Abb. 1.8 Charakteristische NO_x-Bildung durch eine Anhebung der Abgasrückführrate AGR. Die AGR-Rate ist der prozentuale Massenanteil an Abgas im Zylinder. (Quelle: Eigene Darstellung)

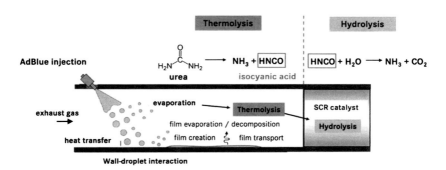

Abb. 1.9 Funktionsweise der selektiven katalytischen Reduktion SCR. (Quelle: Kolbenmaschinen 2015)

Abb. 1.9 zeigt die prinzipielle Funktionsweise des SCR-Systems. Hierbei wird eine Harnstoff-Lösung (engl. „urea", Markenname AdBlue®) in den Abgasstrang eingespritzt. Nach Verdampfung der Lösung finden zwei chemische Reaktionen (Thermolyse und Hydrolyse) statt, welche aus Harnstoff Ammoniak bilden. Mit dem generierten Ammoniak NH_3 können die Stickoxide im Katalysator ab ca. 180–200 °C signifikant reduziert werden.

Thermolyse und Hydrolyse des Abgases sind sehr temperaturabhängig. Vor allem unterhalb von circa 180 °C Abgastemperatur bilden sich unerwünschte korrosive Ablagerungen. Diese Ablagerungsbildung ist per Applikation unbedingt zu vermeiden, jedoch tritt sie in vielen Anwendungen über der Laufzeit auf. In der Abb. 1.10 sind leichte Ablagerungen an der SCR Mischeinheit zu sehen. In der Realität können erhebliche Ablagerungen die Funktion des SCR-Systems schädigen.

Die größte Herausforderung der SCR-Katalyse ist also die Erreichung der benötigten Betriebstemperatur von etwa 180° bis 200 °C, um eine Dosierung der wässrigen Harnstoff Lösung AdBlue zu ermöglichen. Der erzeugte Ammoniak NH_3 reduziert schließlich die Stickoxide im nachgeschalteten SCR Katalysator.

Bei Erreichen dieser Abgas- und Katalysatortemperatur definieren nun, bei einem ausreichend groß dimensionierten Katalysator, im Wesentlichen zwei Faktoren die Reduzierung der Stickoxide. Zum einen ist dies der eingespeicherte Ammoniak, der im Katalysator eingelagert werden kann. Die eingespeicherte Ammoniakmasse hängt beispielsweise vom Katalysatorsubstrat, der Katalysatortemperatur und vom Stickoxidumsatz im Katalysator ab. Nach kurzer Betriebszeit ist typischerweise ein eingelagerter Ammoniakanteil verbraucht. Wesentlich ist daher zum zweiten der dosierte AdBluemassenstrom. Dieser beeinflusst wesentlich die Reduzierung der Stickoxide in der Abgasnachbehandlung.

Die benötigte Menge an AdBlue, um eine Reduzierung der Stickoxidemissionen zu erwirken, hängt im Detail vom Verhältnis der NO und NO_2 Moleküle im Abgasmassenstrom vor dem SCR-Katalysator ab. Die exakte Abgaszusammensetzung hängt ihrerseits wiederum vom Lastpunkt des Motors oder beispielsweise von der Aktivität des vorgeschalteten Oxidationskatalysators ab, die wiederum betriebspunktabhängig schwanken kann.

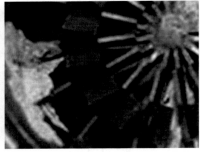

Abb. 1.10 Beispiele für Ablagerungsbildung im Laborversuch am KIT mit Adblue-Einspritzung in einem halboffenen Edelstahlrohr, Abgastemperatur <180 °C (links) und in einem Abgastrakt an einer SCR-Mischereinheit (rechts). (Quelle: Eigene Abbildung, Kolbenmaschinen 2015)

Eine sehr gute Faustformel fasst den AdBluebedarf, unabhängig von Details der Stöchiometrie, wie folgt zusammen:

▶ Mit einem AdBlueverbrauch von einem Liter pro 1000 km ist eine Reduzierung der NO_x-Emissionen um ca. 500 mg/km darstellbar.

Die Abb. 1.11 zeigt zur Erläuterung deshalb auf der linken Seite eine sehr vernünftige EURO6b-Applikation. Ein NO_x-Motorrohemissionsniveau von ca. 700 mg/km erlaubt bei einer AdBluedosierung von etwas weniger als einem Liter pro 1000 km eine Reduzierung der NO_x–Werte auf ein Endemissionniveau nach dem SCR-Katalysator von ca. 200 bis 300 mg/km. Damit ist bei einem Tankvolumen von ca. 23l, aufgrund der obenstehenden Wirkung von einem Liter AdBlue pro 1000 km mit einer NO_x-Reduzierung um 500 mg/km, eine AdBluereichweite von ca. 25.000 km möglich.

Auf der rechten Seite zeigt Abb. 1.11 nun eine schlechte Applikation. Das NO_x-Emissionniveau des Motors ist in diesem Fall erhöht. Solche Motorrohemissionen sind im Feld keine Seltenheit. Durch häufigeres Schließen des Abgasrückführventils oder unbefriedigende Applikationsarbeiten resultieren NO_x-Rohemissionen oberhalb von 1400 mg/km. Eine äquivalente AdBluedosierung wie auf der linken Seite führt deshalb zu einem hohen Endemissionsniveau von ca. 900 mg/km! Ein befriedigendes Endemissionsniveau, bei diesem unbefriedigend hohen Motoremissionsniveau vor dem SCR-Katalysator, bedarf eines erhöhten AdBluemassenstroms, der zudem ein großes Katalysatorvolumen bedingt. In diesem Fall reduziert sich die AdBluereichweite trotz großem AdBluetankvolumen deutlich. Über 2 L AdBlue pro 1000 km reduzieren die AdBlue-Tankreichweite auf circa 10.000 km.

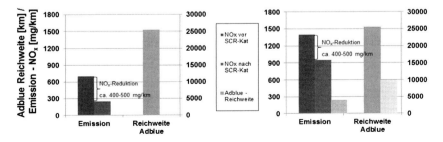

Abb. 1.11 Beispiele für AdBlueverbrauch und AdBluereichweite für ein AdBluetankvolumen von etwa 23l. *links* eine vernünftige EURO6b Entwicklung, *rechts* eine schlechte EURO6b Entwicklung. (Quelle: eigene Berechnungen)

Eine optimale AdBluereichweite und niedrige NO_x-Endemissionen bedürfen deshalb einer ganzheitlichen Entwicklungsstrategie, wie sie im Nutzfahrzeug-bereich schon zu einem früheren Zeitpunkt verfeinert vorlag.

Eine alternative Technologie der Abgasnachbehandlung zur Reduzierung der Stickoxide ist der Speicherkatalysator (NSK oder auch NO_x-Speicherkatalysator, siehe Abb. 1.12). Bei einem Speicherkatalysator werden die anfallenden NO_x-Moleküle nicht direkt umgewandelt, sondern im Katalysator eingelagert. Dies erfolgt typischerweise in Form von Bariumnitraten. Nach einer typischen Lauf-zeit von einigen Minuten ist der Katalysator gefüllt und muss nun entleert werden. Dies erfolgt im Rahmen einer Fettphase, also einem kurzen motorischen Betrieb, bei dem kein Sauerstoff im Abgas vorliegt. Bei modernsten Anwendungen gelingt dies mittlerweile ohne nachteilige Auswirkungen auf den Verbrauch. Die Regelung ist sehr anspruchsvoll.

Der Speicherkatalysator galt als die anspruchsvollere Technologie, da ein empfindlicher Eingriff in die Motorsteuerung durch die zyklische Fettphase zu applizieren ist. Insbesondere in den 2000er Jahren wurden erste Varianten im Feldversuch getestet. Zahlreiche Erkenntnisse mussten im Feldversuch

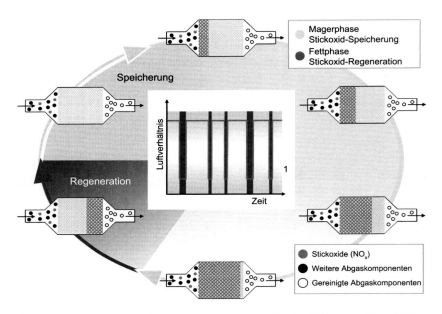

Abb. 1.12 Funktionsweise eines Speicherkatalysators. (Quelle: Kolbenmaschinen 2015)

gesammelt werden. Beim Nutzfahrzeug ist die Technologie nicht alleine einsetzbar, da eine Volllastfähigkeit nicht gegeben ist. So ist der Speicherkatalysator vor allem für PKW-Anwendungen eine Option. Langfristig wird er nur in Kombination mit dem SCR-System zu finden sein.

▶ NO-Emissionen sind mit der Nase nicht wahrnehmbar. Sehr wohl sind NO_2-Emissionen im Abgas wahrnehmbar. Es riecht chlorartig und unangenehm reizend. Der Verbrennungsmotor, hier dominierend der Dieselmotor, ist eine wesentliche Quelle von NO und NO_2 und somit für die NO_2-Immission noch wesentlich verantwortlich. Circa zwei Drittel der NO_2-Immissionsbelastung ist noch auf den Dieselmotor zurückzuführen. Wesentliche Technologien zur NO_x-Emissionsreduzierung sind die Abgasrückführung und die SCR-Technologie. Vor allem die SCR-Technologie ist temperaturabhängig. Unterhalb von ca. 180 °C Abgastemperatur ist die Dosierung von AdBlue® und somit die Konvertierung sehr kritisch.

Schwefeldioxid
Schwefeldioxid war z. B. in den 1960er, 70er bis in die 1980er Jahren ein Thema und bildete einen nachteiligen Beitrag zum Waldsterben. Schwefeldioxid wird im Wesentlichen aus dem im Kraftstoff befindlichen Schwefel gebildet. Heutige Kraftstoffe in Mitteleuropa weisen einen sehr geringen Schwefelgehalt (EN590) unterhalb von 10 ppm auf.

▶ SO_x-Emissionen sind mit der Nase wahrnehmbar. Gleichwohl spielen sie heute keine Rolle mehr. Der SO_x-Beitrag des Verkehrs kann vernachlässigt werden.

Zusammenfassung: dieselmotorische Emissionen

▶ Die Reduzierung sämtlicher unerwünschter Emissionskomponenten des Dieselmotors, mit Ausnahme der NO_x-Thematik, wurde technisch realisiert und ist in die Serie überführt worden. Als letzte verbliebene Komponente verbleibt die NO_x-Emission. Details zur Bewertung der NO_x-Emission sind unten stehend im Abschn. 1.3 aufgeführt. Alle anderen bekannten Emissionskomponenten (CO, HC, SO_x, Partikel, NH_3) des Dieselmotors sind mittlerweile als untergeordnet zu bezeichnen.

1.2   Grundlagen der Emissionsgesetzgebung

Grundlage für die PKW-Zertifizierung war bis inklusive der EURO6b-Gesetz-
gebung der „Neue Europäische Fahrzyklus" (NEFZ, engl. NEDC, s. Abb. 1.13).
Der NEFZ war nicht als Zyklus geplant gewesen, der einen realistischen Verbrauch ausweist. Vielmehr war bei seiner Definition in den frühen 1990er Jahren
eine wesentliche Motivation, eine Vergleichbarkeit zwischen verschiedenen Fahrzeuge zu erzielen, um für eine Emissionsgesetzgebung eine gemeinsame Basis
zur Verfügung zu stellen. Das Fahrprofil des NEFZ bildet die Realität nicht ab.
Ebenfalls werden verbrauchserhöhende Umstände, die einen Anstieg des Ver-
brauches und der Emissionen zur Folge haben, wie beispielsweise Gewicht, Aero-
dynamikbeeinflussung oder Sonderausstattungseffekte (Klimaanlage etc.) nicht
berücksichtigt.

Abb. 1.14 zeigt, dass im NEFZ-Betrieb nur geringe Kennfeldbereiche im
Motordrehzahl/Motorlast-Kennfeld (blau) überhaupt tangiert werden. Ein
Großteil des Motorkennfeldbereiches ist durch den Prüfzyklus nicht tangiert. Bei
anderen Tests (z. B. CADC Common Artemis Driving Cycle) verhält sich dies

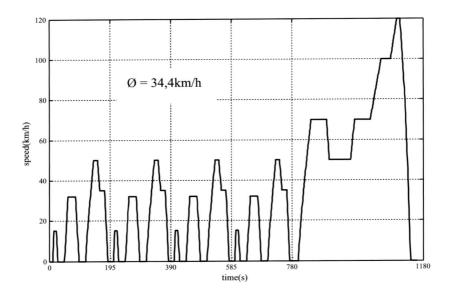

Abb. 1.13 NEFZ Fahrzyklus. (Quelle: Eigene Darstellung)

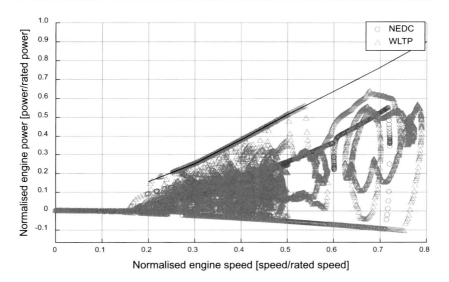

Abb. 1.14 NEFZ (englisch NEDC, blau) Betriebsbereich im Motorkennfeld. *x-Achse* Motordrehzahl, relativ zur Nenndrehzahl, *y-Achse* Motorleistung, relativ zur Nennleistung. (Quelle: Eigene Darstellung)

anders, wesentliche relevante Kennfeldbereiche werden im Zertifizierungstest berücksichtigt.

Für die Durchführung einer Emissionszertifizierung muss nun ein zu zertifizierendes Fahrzeug auf einem Rollenprüfstand vermessen werden. Hierfür ist die Kenntnis der Fahrwiderstände des Fahrzeuges notwendig. Diese werden vom Hersteller über Ausrollkurven bestimmt. Die derart bestimmten Fahrwiderstände werden dem Rollenprüfstand übergeben. Die Hersteller nutzen bei der Bestimmung der Ausrollkurven mehrere Maßnahmen aus, um eine möglichst günstigen Fahrwiderstand erzielen zu können (Reifenkondition, Gewicht, Aerodynamikoptimierung, …) (Dings 2013).

Seit den 1990er Jahren sind weltweit unterschiedliche Fahrzyklen verabschiedet und als Grundlage der Zulassung gesetzt worden. In USA z. B. gilt beispielsweise die Federal Test Procedure FTP 75 als Stadtzyklus mit einer mittleren Geschwindigkeit $v_{mittel} = 34{,}1$ km/h (angelehnt an eine Berufsverkehrsfahrt in Los Angeles 1977) und ein Highway Fuel Economy Driving Schedule (HWFET) mit 77,7 km/h.

Angestoßen von der UN Arbeitsgruppe Emission und Energie (GRPE) sind 2007 Gespräche zu einer Vereinheitlichung dieser Emissionsvorgaben, der

Verbrauchsbewertung und der On-board-Diagnose zugrunde liegenden Zyklen gestartet worden. Der Arbeitskreis „World Forum for Harmonization of Vehicle Regulations" (WP.29) traf sich erstmals am 04.06.2008. Das Protokoll des ersten WLTP (Worldwide Harmonized Light-Duty Vehicles Test Procedure)-Arbeitskreistreffens nennt die Mitarbeit der OICA („Organisation Internationale des Constructeurs d'Automobiles", weltweite Branchenvereinigung der Automobilindustrie) als notwendig und Januar 2010 als Terminziel. 2009 wurde dann das Projekt in Phasen aufgeteilt und für die Phase 1 das Ziel 2014 benannt. Wesentlicher Fokus der WLTP-Diskussion ist die vergleichbare Bewertung des Fahrzeugverbrauches. Leider haben sich die USA aus den WLTP Aktivitäten zurückgezogen. In Europa wird daran festgehalten.

Der WLTP besteht aus drei Leistungsklassen, von denen die schärfste Klasse ab 34 kW/Tonne Fahrzeuggewicht die meisten PKW einschließt. Der Fahrzyklus, auf dem die WLTP Testprozedur (WLTP) basiert, lautet WLTC (Worldwide Harmonized Light Vehicles Test Cycle) und enthält für europäische Zulassungen einen „extra-high"-Bereich mit Geschwindigkeiten von bis zu 131 km/h (s. Abb. 1.15).

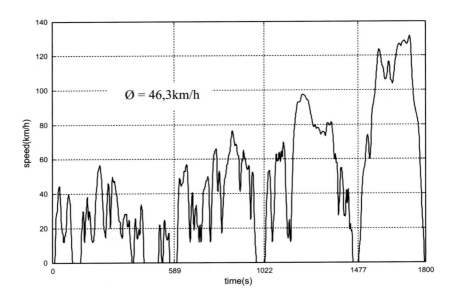

Abb. 1.15 WLTC Testzyklus class 3 ab 34 kW/t Fahrzeuggewicht. (Quelle: KIT, eigene Darstellung)

Im Gegensatz zum NEDC werden beim WLTP Sonderausstattungen für Gewicht, Aerodynamik und Bordnetzbedarf (Ruhestrom) berücksichtigt. Insgesamt werden realitätsnähere Emissionsangaben im WLTP-Testverfahren erwartet. Der WLTC ist zwar dichter am Realbetrieb der Fahrzeuge, bleibt aber ein Prüfstandzyklus und kann viele Effekte und Toleranzen v. a. des Fahrers und des Umfeldes nicht nachbilden, die im Realfahrbetrieb auftauchen. So wirken sich ein aggressiver Fahrstil und falsche Gang-Wahl nachteilig auf Verbrauch und Emissionen aus.

Aus diesem Grund sind zusätzliche reale Emissions- und Verbrauchsmessungen mithilfe eines portablen Emissionsmesssystems (PEMS) initiiert worden.

Insgesamt gibt es eine Vielzahl an möglichen Prüfzyklen (Abb. 1.16). Glücklicherweise ist mit dem WLTC ein vernünftiger Kompromiss entstanden. Neben dem Prüfzyklus sind weitere Fragestellungen für die Testdurchführung entscheidend, wie Fahrwiderstand oder Fahrzeugtemperaturkonditionierung.

Mit Einführung der neuen EURO6d-Temp-Gesetzgebung, startend mit der Typenprüfung ab September 2017, wird der WLTC nun der Referenzzyklus. Der

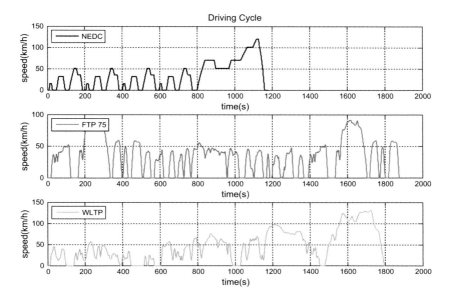

Abb. 1.16 Vergleich der Geschwindigkeitsprofile unterschiedlicher Testzyklen (Daten gemäß Richtlinie 70/2207 EWG, EEC Directive 90/C81/01, CFR 40, 86, App.I, FTP 75). (Quelle: KIT, eigene Darstellung)

Gesetzgeber hat mit Einführung dieser Emissionsnorm ein Einführungsszenario für neue Fahrzeugvarianten ab 2017 und bis 2019 für Neufahrzeuge beschlossen. Wichtige technische Randbedingungen befinden sich aktuell noch immer in der Diskussion.

1.3   Bewertung der NO_x-Emissionsentwicklung

Im Verlauf der letzten 25 Jahre wurden die NO_x-Emissionen in Deutschland in etwa halbiert. Der Sektor Verkehr trug überproportional zu einer Reduzierung bei (s. Abb. 1.17). Von ca. 1400 Tsd. Tonnen wurden bereits zwei Drittel der Stickoxidemissionen reduziert.

Grundsätzlich ist mit der Einführung verschärfter Emissionsgrenzen für Personenfahrzeuge und Nutzfahrzeuge eine deutliche Reduktion der Emissionen erzielt worden. Abb. 1.17 zeigt den Rückgang der Stickoxidemissionen (NO_x). Insgesamt ist der Rückgang der NO_x-Emissionen vor allem vor dem Anstieg der Gesamtfahrleistung und der deutlichen Stauzunahme zu beachten.

Gleichwohl ist bekannt, dass die realen Stickoxidemissionen der Personenfahrzeuge teilweise deutlich oberhalb des Zyklusgrenzwertes liegen.

Prinzipiell ist eine Reduzierung der PKW-Stickoxidemissionen (siehe Abb. 1.18) erreicht worden. Die Differenz zwischen Straßenmessung und Realemission lag im Mittel relativ konstant bei circa 0,5 g/km.

Diese Lücke zwischen den Realstickoxidemissionen und dem Emissionsgrenzwert ist zu schließen. Die hierfür initiierte Gesetzgebung (EURO6d-Temp, EURO6d mit Real Driving Emission-Messungen) bewirkt dies bereits bei den neuesten Modellen ausgewählter Hersteller. Die Aktivitäten für die RDE-Gesetzgebung und die entsprechenden Fahrzeuge starteten deutlich vor dem „dieselgate" in der zweiten Hälfte der 2000er Jahre.

Eine besondere Erwähnung verdienen die beiden Emissionsstufen EURO4 (250 mg NO_x/km) und EURO5 (180 mg NO_x/km) (Abb. 1.19). Bei der Einführung von beiden Emissionsstufen war eine NO_x-Abgasnachbehandlung für PKW-Anwendungen aus verschiedenen Gründen keine großflächige Option. Die Erfahrungen beispielsweise mit dem NO_x-Speicherkatalysator (NSK) waren in den 2000er Jahren durchaus kritisch. Dies betraf vor allem auch den Zeitraum des Serienentwicklungsstartes der Emissionsstufe EURO5 im Zeitfenster um 2004. Aufgrund der Entwicklungszeitleisten hätte eine Entscheidung für einen NSK-Einsatz bereits so früh getroffen werden müssen. Zum damaligen Zeitpunkt war die Technologie sicherlich riskant. Zudem waren die fahrzeugseitigen Platzverhältnisse bei einigen Anwendungen durchaus kritisch. Die Einführung im NAFTA-Markt für ausgewählte Varianten war eine

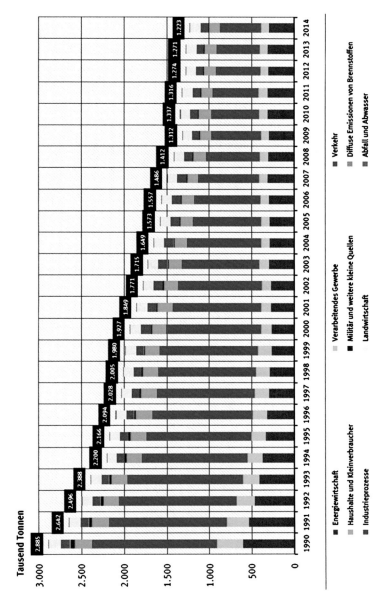

Abb. 1.17 Quellen der Stickoxidemissionen. (Quelle: Umweltbundesamt 2017)

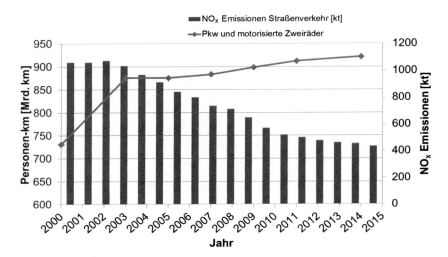

Abb. 1.18 Verlauf der PKW-Jahresgesamtfahrleistung (PKW und motorisierte Zweiräder) im Vergleich zur NO$_x$ Emissionsentwicklung. (Quelle: Bundesministerium für Verkehr und digitale Infrarstruktur 2015/2016)

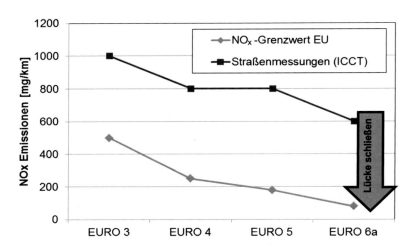

Abb. 1.19 Quellen der Stickoxidemissionen. (Quelle: KIT, eigene Darstellung, Datenquelle Straßenmessung: Miller und Franco 2016)

Einzellösung, aus der zahlreiche Erfahrungswerte im Feldversuch gewonnen werden konnten. Gegen einen Einsatz eines Speicherkatalysators, der im Abgasstrom vor dem Dieselpartikelfilter angeordnet wird, sprach vor allem damals auch, dass sich dadurch die Problematik der Rußbeladung des Partikelfilters verschärft. Wie bereits oben stehend ausgeführt wurde, dienen die vor dem Partikelfilter gebildeten NO_2-Moleküle dem Abbau des Rußes im Partikelfilter. Dieser Effekt wird mit einem Speicherkatalysator verschlechtert.

Die alternative SCR-Technologie, die bei den Nutzfahrzeugen seit 2004 im Serieneinsatz ist, war für die damalige PKW-Fahrzeugwelt noch nicht in der Fläche für die Vielzahl an Anwendungen einsetzbar. Die Tankinfrastruktur war in die meisten Fahrzeuge nicht integrierbar. Zum damaligen Zeitpunkt zeigten die Nutzfahrzeugfelderfahrungen zudem Herausforderungen im Bereich des AdBlue®-Fördermoduls und der Dosiereinheit. Auch war fraglich, ob die Kunden bereit sind, einen zweiten Betriebsstoff zu kaufen und nachzufüllen (Kundenakzeptanz). Dies alles führte zum Entschluss, die NO_x-Grenzwerte bei EURO4 und EURO5 innermotorisch zu erreichen. Die wenigen ausgewählten Lösungen für den amerikanischen Markt mit einer komplexeren Abgasnachbehandlung müssen differenziert betrachtet werden. Eine ganz wichtige Funktion dieser Feldanwendungen waren sicherlich auch typischerweise gemeinsam mit den Behörden begleitete Feldanalysen. Zahlreiche unbekannte Fragestellungen und Erfahrungswerte, beispielsweise das Verhalten einer Vielzahl von Fahrzeugen über der Laufzeit hinsichtlich Konvertierungsverhalten, Robustheit, Fahrverhalten, wurden bei der ersten großflächigen Einführung der Stickoxidabgasnachbehandlung erarbeitet. Von diesen Erfahrungen profitiert die Technologieentwicklung sicherlich heute bei der Einführung der Technologie auf breiter Front.

▶ **Einordnung der Entwicklungsstrategie** Höchste Priorität und größter Druck der Öffentlichkeit hatte in den 2000er Jahren die zuverlässige Etablierung des Partikelfilters bei gleichzeitiger Verbrauchsoptimierung der Dieselfahrzeuge (CO_2-Reduzierung).

Es war für alle beteiligten Experten nachvollziehbar, dass niedrige NO_x-Emissionen auf Grenzwertniveau unmöglich im realen Fahrbetrieb mit der damaligen Technologie realisiert werden konnten. Bereits die Erfüllung der Stickoxidemissionen ausschließlich im Testbetrieb stieß bei vielen Applikationen an physikalische Grenzen. Die Gesetzgebung kollidierte klar mit den technisch verfügbaren Mitteln, wenn die Vorstellung eine Emissionseinhaltung im Realbetrieb unter allen

Fahrzuständen gewesen sein sollte. Der sich hieraus ergebende Ziel-
konflikt wurde aus Immissionsgesichtspunkten sicherlich NO_x-seitig
nicht befriedigend gelöst.

Entwicklungsseitig musste auf eine Vielzahl an komplexen Anforderungen
geachtet werden, beispielsweise:

• Bauteilschutz Partikelfilter (Rußbeladung)
• Bauteilschutz Abgasrückführpfad (Abgastemperatur)
• Stickoxidemissionen
• Verbrauch
• Allgemeine Robustheit (z. B. Ölverdünnung, Regenerationsfähigkeit DPF, …)
• Fahrbarkeit
• Komfort
• Betriebskosten
• Gewicht
• Bauraum
• etc.

**Wie bereits ausgeführt wurde, ist eine Erfüllung all dieser Anforderungen
mit der Technologie für EURO4 und EURO5 sicherlich nicht in der Breite
möglich gewesen!** Dies ist zweifelsohne mit größtem Aufwand untersucht
worden. In anderen Worten wäre das Entwicklungsrisiko und das Feldausfall-
risiko mit einer großflächig ausgerollten zusätzlichen Stickoxidabgasnachbehandl
ungstechnologie signifikant erhöht gewesen.

Mit dem Technologieansatz der erhöhten Stickoxidemissionen im Realbetrieb
wurde es möglich, alle restlichen motorseitigen Randbedingungen zu erfüllen.
Dies ist der wesentliche Grund für die in den letzten Monaten intensiv kritisierte
Stickoxiderhöhung.

Entscheidender Grund für die erhöhten NO_2-Immissionswerte zahlreicher
Messstationen sind jedoch nicht die im Vergleich zum Zyklusgrenzwert klar
erhöhten NO_x-Emissionen der Fahrzeuge (s. Abb. 1.20). Wesentlich ist vielmehr
der sehr hohe direkte Ausstoß von NO_2. Dies wird gar nicht thematisiert, stellt
jedoch den wesentlichen Grund für die Immissionsüberschreitungen dar. In der Tat
kann auch das eigentlich ungefährliche NO einen Beitrag zur NO_2-Immissions-
belastung beisteuern. Dies ist vor allem an Tagen mit hoher Ozonkonzentration
der Fall, die im Sommer bei hoher Sonneneinstrahlung zu beobachten ist. Das NO
wandelt im Wesentlichen Ozon in NO_2. Entscheidend ist jedoch für die verkehrs-
nahe NO_2-Immissionsbelastung, der unmittelbare NO_2-Ausstoß. Dieser wurde bei

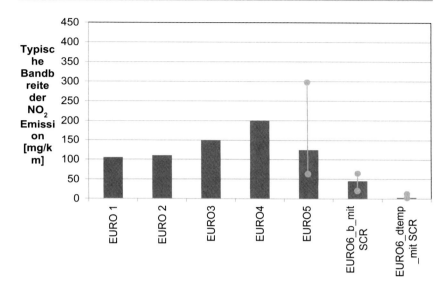

Abb. 1.20 Direkte NO$_2$ Emissionen für verschiedene PKW-Emissionsstufen in mg/km. (Quelle: KIT, Darstellung zahlreicher Messergebnisse)

den Emissionsstufen EURO4 und EURO5 wegen des Diesel-Partikelfilters derart angehoben. Bereits die ersten EURO6 Fahrzeuge mit SCR oder Speicherkatalysatorsystemen zeigen einen deutlich geringeren NO$_2$-Aussstoß. Die neuesten RDE-Fahrzeuge (EURO6$_{dtemp}$) haben dies weitestgehend eliminiert. Er bewegt sich bei wenigen Milligramm pro Kilometer.

▶   Kritik an den Herstellern verdient bei EURO4 und EURO5 die Tatsache, dass die Erhöhung der Stickoxidemissionen im Realbetrieb teilweise sehr rigoros realisiert wurde (z. B. Schließen des AGR-Ventils unmittelbar oberhalb von 120 km/h, Handhabung bei geringen Abweichungen der Umgebungstemperatur, ausschließliche Testfokussierung, signifikante NO$_x$-Mehremissionen bei einzelnen Fahrzeugen etc.). Man muss aber gleichzeitig bei den Emissionsnormen EURO4 und EURO5 zur Kenntnis nehmen, dass eine Erfüllung der in den letzten Monaten intensiv geäußerten Vorstellung „Einhaltung Stickoxidemission im Realbetrieb" zu keinem Zeitpunkt im Realbetrieb unter allen Betriebszuständen zur Diskussion stehen konnte. Ferner forderte die Gesetzgebung dies auch zu keinem Zeitpunkt!

Für diese Aussage bin ich sehr kritisiert worden, weshalb ich diese erläutern muss. Es ist unstrittig, dass aus den Formulierungen beispielsweise der Verordnung (EG) Nr. 715/2007 eindeutig der Wunsch des Gesetzgebers zu interpretieren ist, dass er unter allen Betriebsbedingungen eine Einhaltung der Emissionen wünscht. Bei genauerer Betrachtung des Gesetzestextes bin ich jedoch auf zahlreiche Ungereimtheiten und unschlüssige Ausführungen gestoßen, die mich zu oben stehender Aussage haben kommen lassen, die im Widerspruch beispielsweise zum Gutachten des wissenschaftlichen Dienstes des Bundestags (Aktenzeichen PE 6-3000-8/16) steht. Sicherlich kollidiert die Perspektive eines Ingenieurs hier auch mit der Interpretation mancher Juristen. Eine Verteidigung von Maßnahmen, die eine Anhebung der Emissionen im Realbetrieb zur Folge haben, stellt zweifelsohne auch keine komfortable Situation dar. Mir ist die schnelle Reduzierung der NO_x-Emissionen und vor allem der NO_2-Immissionen ein wichtiges Anliegen. Für den Entwickler sind jedoch klare eindeutige gesetzliche Vorgaben unabdingbar, also definierte Außentemperaturen, definierte Messmethoden, definierte Fahrprofilbeschreibungen und zudem müssen diese Ziele anspruchsvoll, jedoch zugleich auch erreichbar sein.

Zunächst erlaube ich mir aber den Hinweis, dass eine Gesetzgebung, welche in unterschiedlichen Emissionsstufen seit circa zwanzig Jahren Gültigkeit hat und zu widersprüchlichen Interpretationen führt, dringend einer Überarbeitung bedurfte. Aus diesem Grund bin ich auch seit langem ein erklärter Anhänger der neuen Real Driving Emission Norm (RDE), die endlich im Jahr 2017 Einzug hält. Ungeachtet auch einiger unbefriedigender Facetten dieser neuen Gesetzgebung steigen sowohl Eindeutigkeit als auch der technologische Anspruch signifikant. Die Unklarheiten in der Auslegung dieses neuen Gesetzes betreffen nur noch Randbereiche und werden für die Immissionssituation nicht entscheidend sein.

Eine spätere Einführung einer wirksamen EURO5-Norm war politisch nicht durchsetzbar. So sind bis in das Jahr 2014 EURO5-Fahrzeuge verkauft worden, welche ein sehr hohes NO_2-Rohemissionspotenzial aufweisen.

1.4   Abschalteinrichtungen und Emissionsgesetzgebung

Aus welchem Grund ist die sicherlich provozierende Aussage, dass der Gesetzgeber im Realbetrieb keine Emissionserfüllung forderte, nun zu rechtfertigen? In der öffentlichen Diskussion wurde intensiv die Verwendung der Abschalteinrichtungen diskutiert. Bekannt ist die Tatsache, dass eine *Abschalteinrichtung nicht unzulässig, also zulässig ist, wenn der Motor vor Beschädigung geschützt wird (Motorschutz).* Verschiedene Rechtsauffassungen prallten hier in den letzten Monaten aufeinander. Der wesentliche Technologieansatz zur *Reduzierung der NO$_x$-Emissionen* war die *Abgasrückführung (AGR).* Die Bauteile der Abgasrückführung, das AGR-Ventil und der AGR-Kühler haben bei vielen Fahrzeugen zu Ausfallraten von mehr als 10 % im Feld geführt. Hundertausende Fahrzeuge sind mit Fehlfunktionen im Straßenverkehr ausgefallen. Die Untersuchung der Gründe für eine Versottung der AGR-Ventile wurde in mehreren Forschungsvorhaben untersucht, welche erst bis Ende 2011 ihre Untersuchungen abschließen konnten – 2 Jahre nach Einführung der EURO5-Norm! Die Vermeidung dieser Pannen führte zu einer Reduzierung der AGR-Funktion im Realbetrieb mit den bekannten Folgen. Eine Ausdehnung des Betriebsbereiches der Abgasrückführung hin zu niedrigeren Temperaturen unterhalb von 20 °C erhöhte das Ausfallrisiko. Dies ist unstrittig, durch Forschungsanträge dokumentiert und noch heute eine technologische Herausforderung (Hörnig und Völk 2011). Gleichwohl ist diese Auslegung bei einer durchschnittlichen Jahrestemperatur unterhalb von 10 °C nicht vermittelbar.

Verwunderlich ist die Tatsache, dass der Gesetzgeber für Ottomotoren auch bei −7 °C im NEFZ-Test eine klare Emissionsvorgabe präzisierte, beispielsweise für Kohlenmonoxid 15 g/km und für Kohlenwasserstoffe HC 0,8 g/km (am Beispiel der Fahrzeugklasse M1). Es wäre ein leichtes gewesen, für dieselmotorische Anwendungen ebenfalls einen NO$_x$-Emissionswert vorzuschreiben. Bei der neuen RDE Gesetzgebung wird beispielsweise bei besonders niedrigen Temperaturen von 0° bis −7 °C ein Emissionszuschlag von 50 % gestattet. *Bei der EURO5- und der EURO6b-Verordnung ist kein Grenzwert für einen Betrieb bei niedrigen Temperaturen vorgeschrieben!* Es war also nicht nachzuweisen, dass Emissionen bei niedrigen Temperaturen einzuhalten sind. Der in der Tat mit der Emissionsstufe EURO5 eingeführte und im Fachjargon „−7°-Test" genannte zusätzliche Test diente zum Nachweis, dass *die Abgasnachbehandlung prinzipiell auch bei niedrigen Außentemperaturen auf benötigte Betriebstemperaturen erwärmt werden kann.* Dies ist im Rahmen der Zertifizierung auch nachzuweisen gewesen, *jedoch keine Emissionserfüllung im Zyklus.* EURO5-Fahrzeuge hatten typischerweise zudem keine NO$_x$-Abgasnachbehandlung (SCR-System mit AdBlue-Dosierung) aus den beschriebenen Gründen.

Nun ist die entscheidende Frage, bei welcher Grenztemperatur eine Emissionserfüllung sicherzustellen ist. Diese Frage ist unbeantwortet. Es ist nicht vertretbar, dass bei einer EURO5-Norm in etwa gleich viel NO$_x$-Emissionen im Realbetrieb (180 mg/km) erlaubt sein sollen, als bei der neuen RDE-Norm (2,1 × 80 mg/km = 168 mg/km), welche acht Jahre später eingeführt wird. So ist in der Tat keine Grenztemperatur zur Emissionserfüllung mit EURO5 und

EURO6b definiert worden, weshalb die Zertifizierungstemperatur weiterhin als Grenze angesehen wurde. Ist also bei $-7\,°C$, bei $0\,°C$, bei $12\,°C$ oder bei $20\,°C$ eine Erfüllung der Emissionen einzuhalten? Natürlich plädiert der Menschenverstand für eine Erfüllung zumindest bei $12\,°C$. Gleichzeitig ist jedem Experten klar, dass unmöglich bei einer Außentemperatur von $0\,°C$ im Realbetrieb die Emissionen mit der EURO5-Technologie eingehalten werden können. Der Techniker benötigte eine exakte Definition dieses Zustandes. Diese Definition liegt und lag jedoch nicht vor.

Der Gesetzgeber hat dies selber erkannt. Aus diesem Grund ist in der Verordnung 215/2007 auch explizit ausgeführt: „Um die Kontrolle von … Emissionen bei niedriger Umgebungstemperatur zu verbessern, werden die Prüfverfahren von der Kommission überprüft". Meine Interpretation ist deshalb, dass der Gesetzgeber sehr wohl die großen Lücken der Gesetzgebung wahrgenommen hat und eine neue Gesetzgebung zu Recht anstoßen musste.

Eine seit zehn Jahren entwickelte neue RDE-Gesetzgebung fordert eindeutig im Realbetrieb niedrige Emissionen auf Zertifizierungsniveau. In der öffentlichen Berichterstattung wird dies aber auch für EURO5 und erste EURO6b-Emissionsniveaus gefordert. Mit dieser Logik hätte es gar keine neue RDE-Gesetzgebung benötigt. Es ist jedoch nichts notwendiger als die RDE-Einführung im September 2017, um exakt die Unklarheiten zu beseitigen.

Eine weitere *unbefriedigende Randbedingung* betrifft übrigens die *Messtechnik*. Im Entwicklungszeitraum Ende der 2000er-Jahre gab es noch gar keine PEMS-Messtechnik (Portable Emission Measurement System), welche in der Lage gewesen wäre, die Emissionen im Realbetrieb ansatzweise belastbar zu messen. Wie kann die Gesetzgebung einen Grenzwert fordern, dessen Nachweis nicht möglich ist? Ein Gesetz muss überprüfbar sein. Dies ist die eigentliche Crux der alten Gesetzgebung, die auf Prüfstandüberprüfungen basiert.

Es sind also durch den Stand der Dieselmotorentechnik, durch die Abgasmesstechnik und vor allem durch die Gesetzgebung große Grauzonen entstanden. Selbstverständlich verdient die minimalistische Gesetzesauslegung der Fahrzeughersteller teilweise große Kritik. Jedoch ist sie bei der Emissionsstufe EURO5 im Wesentlichen nachvollziehbar und zulasten der Umwelt der Preis für die Erfüllung aller anderer Emissions- und Produkteigenschaften. Die gewählten und zweifellos auch kritikwürdigen technischen EURO5-Lösungen sind also in der Breite ein unbefriedigender, jedoch nachvollziehbarer Kompromiss.

▶   **Zykluserkennung** Zwangsläufig war die Entwicklung gezwungen, überhaupt zur Realisierung von Dieselfahrzeugen (bis inkl. EURO5) entweder Abschaltbedingungen (legal) zu definieren, oder als illegale

Alternative eine Zykluserkennung zu implementieren. Die Emissions-
konsequenz ist weitestgehend identisch, dennoch ist eine Zykluserkennung indiskutabel und gesetzeswidrig!

Mit Einführung der EURO6-Norm wurde bei den meisten Herstellern zusätzlich
eine Stickoxidabgasnachbehandlung eingeführt. Im Realbetrieb führte bereits die
erste Generation zu einer deutlichen Reduzierung der Emissionen.
    Beispielhafte PEMS Messungen (Abb. 1.21) zeigen geschwindigkeitsabhängige
Realemissionen von vier Dieselfahrzeugen, welche bereits für die EURO6$_{d,temp}$-
Gesetzgebung entwickelt wurden. Die Fahrten sind mit einem Dynamikkenn-
wert aufgetragen, welcher sich aus den für jeden Zeitschritt vorliegenden Werten
der aktuellen Geschwindigkeit und der Beschleunigung ergibt. Mit diesem Kenn-
wert wird der Charakter der Fahrt bewertbar (dynamisch/ruhig). Keiner der Fahrzeuge hat bei der Beispielstrecke und sehr unterschiedlichen Fahrdynamiken den
NO$_x$-Emissionsgrenzwert von 120 mg/km bzw. 168 mg/km überschritten!
    Als neue Anforderung ist der Bauteilschutz der SCR-Anlage (für Fahrzeuge
mit SCR) bei der Entwicklung zu berücksichtigen. Als Herausforderung aller
SCR-Systeme ist das Verhalten bei Abgastemperaturen unterhalb von 200 °C zu

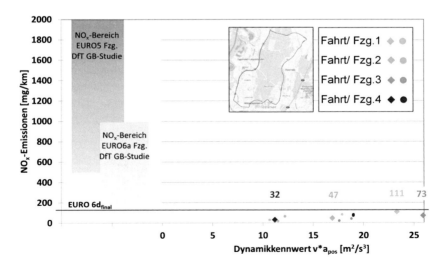

Abb. 1.21 Portable Emissionsmessungen an vier EURO6-zertifizierten Fahrzeugen auf
einer Rundstrecke bei Karlsruhe (siehe Kartenansicht). (Quelle: KIT, eigene Darstellung)

nennen. In diesem Temperaturfenster treten zu vermeidende Ablagerungen als Folge der Harnstoffaufbereitung auf.

Ebenfalls existiert eine Wechselwirkung zwischen AdBlue®-Verbrauch und AdBlue®-bedingter Fahrzeugreichweite.

▶ **Wichtig** Kritik an den Herstellern verdient bei EURO6 die Tatsache, dass nicht gleich mit der Einführung von EURO6 die Chance genutzt wurde, durch den neuen Freiheitsgrad der Stickoxidabgasnachbehandlung geringere Stickoxidrohemissionen zu erzielen. Applikationsseitig sind neue Optimierungspotenziale gegeben, die oftmals nicht ausgeschöpft werden. Nachvollziehbar ist gleichzeitig, dass nach über 15 Jahren allgemein relativ freier Stickoxidhandhabung im Realbetrieb diese Emissionskomponente länger nicht mit der höchsten Priorität behandelt wurde. Die entscheidenden direkten NO_2-Emissionen sind mit Einführung des NSK oder der SCR-Technologie deutlich gesunken.

Indiskutabel sind EURO6-Applikationen mit Stickoxidemissionen sogar oberhalb von 1000 mg/km (im Realbetrieb!) – torpedieren diese doch den Technologiefortschritt und schädigen in Teilen in nicht verantwortbarer Art und Weise den Ruf und die Technologie des Dieselmotors.

Unbestritten ist gleichzeitig eine deutliche NO_x-Emissionsverbesserung von EURO5 zu EURO6. Vor dem Hintergrund der seit vielen Jahren in der Entwicklung befindlichen RDE-konformen Dieseltechnologie sind die ersten EURO6-Applikationen als Überbrückungsansatz bis zum Einsatz der RDE-konform applizierten Fahrzeuge zu sehen. Fahrzeugbedingt ungünstige SCR-Positionierungen im Fahrzeugunterbodenbereich oder unbefriedigende Einbausituationen bedingen weiterhin Kompromisse bei den ersten EURO6-Applikationen.

Mittlerweile sind erste Fahrzeuge erhältlich, welche bereits heute EURO6d-Temp vorerfüllen oder nur noch geringe Weiterentwicklungsschritte hierfür benötigen. Diese Fahrzeuge emittieren im Realbetrieb durch den Einsatz nochmals komplexerer Abgasnachbehandlungssysteme und verbesserter Emissionstechnologie nochmals weniger Emissionen. Die deutschen Fahrzeughersteller sind die Vorreiter, welche solche Fahrzeuge am Markt anbieten. Audi, BMW, Mercedes oder VW bieten erste Produkte bereits an. Entwicklungszeiten von bis zu fünf Jahren liegen auch diesen Produkten zugrunde.

▶   Die neueste Fahrzeuggeneration demonstriert, dass bereits vor fünf
    Jahren eine deutliche Weiterentwicklung der Stickoxidemissionen
    angestoßen wurde. Eine Stickoxidreduzierung auf Grenzwertniveau
    im Realbetrieb ist erreicht worden. Die technologischen Heraus-
    forderungen sind weiterhin gegeben. Der mittlerweile erarbeitete
    Erfahrungsschatz erlaubt endlich eine robuste Emissionsreduzierung
    im gesamten Betriebsbereich (s. Abb. 1.22).

Historische Entwicklung der NO_x-Emissionen im Realbetrieb

Bereits in den 1990er Jahren ist mit EURO1 im Jahr 1992 ein NO_x-Grenzwert
vorgegeben worden. EURO1 und EURO2 reglementierten noch die Summe aus
$HC + NO_x$ Emission. Dass der NEFZ-Zyklus als Basis der Typprüfung nicht
die kompletten Emissionen und den Verbrauch des Fahrzeuges im Realbetrieb
beschreibt, war Auslöser des seit 2003 durch den ADAC durchgeführten Eco-
Tests. Bei diesem Eco-Test werden neben dem NEFZ-Zyklus mit aktivierten
Zusatzverbrauchern (z. B. Licht und Klimaanlage) auch ein Autobahnzyklus

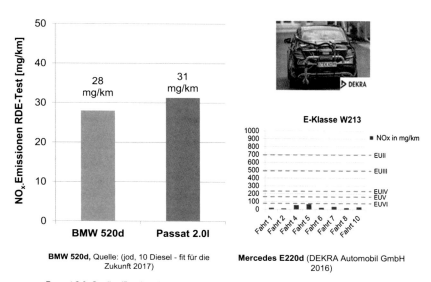

BMW 520d, Quelle: (jod, 10 Diesel - fit für die
Zukunft 2017)

Passat 2.0, Quelle: (Bundesministerium für Verkehr
und digitale Infrastruktur 2017)

Mercedes E220d (DEKRA Automobil GmbH
2016)

Abb. 1.22 Beispiele für Stickoxidemissionen modernster EURO6 PKW im Realbetrieb
mit NO_x Emissionen bis 13 mg/km

(130 km/h) und ab 2012 ein WLTP-Zyklus gefahren (ADAC Fahrzeugtechnik 2016). Die in unterschiedlichen Fahrsituationen gemessenen Emissionen gehen in die Gesamtbewertung des Fahrzeuges und der Testergebnisse ein.

Die Betrachtung der Realemissionen erfolgt auch im Bereich der Verkehrsplanung/Verkehrsflussplanung. Diese Analysen basieren auf den Daten der HBEFA-Datenbank (Handbuch Emissionsfaktoren des Straßenverkehrs), die seit 1999 von der INFRAS AG gepflegt wird (Keller, Handbuch Emissionsfaktoren des Straßenverkehrs, HBEFA/UBA 1999). Diese Datenbank basiert auf einem Fahrzeugemissionsmodell, das im Rahmen der europäischen Vereinigung „European Research for Mobile Emission Sources" (ERMES) weiterentwickelt wird.

Basierend auf Rollenprüfstandmessungen von Fahrzeugen wird ein sogenanntes Emissionskennfeld erarbeitet, das dann in Kombination mit Modellen die Einflussfaktoren des realen Fahrbetriebes widerspiegelt.

Schon in der ersten Version dieser Datenbank konnten verschiedene Verkehrssituationen abgebildet werden, da z. B. der stockende Verkehr oder die Autobahnfahrt sich entsprechend in den Emissionen widerspiegeln. Auch in den Versionen 2.1 von 2004 und 3.2 von 2010 sind diese Modelle enthalten und wurden in der aktuellen Version 3.3 noch mit den Einflüssen feiner auswählbarer Verkehrssituationen erweitert (Keller et al. 2017).

Die Datenbank enthält Realemissionsdaten von mittlerweile > 1000 Fahrzeugtypen beginnend mit dem Jahr 1999. In dieser Emissionsbetrachtung wird sofort deutlich, dass auch z. B. die 2000 eingeführten EURO3-Fahrzeuge in den Realfahrzyklen deutlich höhere NO_x-Emissionen emittieren, als der Typisierungs-Grenzwert von 500 mg/km.

Die Prognose zeigt in Abb. 1.23 eine weitere sehr deutliche Reduzierung der NO_x Emissionen in der Zukunft. Die Grundlage der abgebildeten Emissionsentwicklung bildet das Handbuch HBEFA 3.2. Wichtig ist die zusätzliche Information, dass die Realemissionsentwicklung der Zukunft durch Softwareupdates, durch eine strenge $EURO6_{dtemp}$ und $EURO6_{dfinal}$ Gesetzgebung und eine skeptische Modellierung beim neuesten Handbuch HBEFA 3.3 eher gemäß dem abgebildeten „alten" Handbuch HBEFA 3.2 zu erwarten ist.

1.5 Bewertung der NO_x-Emissionsentwicklung von Nutzfahrzeugen

Die Gesetzgebung für Nutzfahrzeuge unterscheidet sich signifikant von der Gesetzgebung von Personenfahrzeugen. Eine Emissionssicherstellung fast im gesamten Kennfeldbereich ist vonnöten. Unabhängige Messungen zeigen den

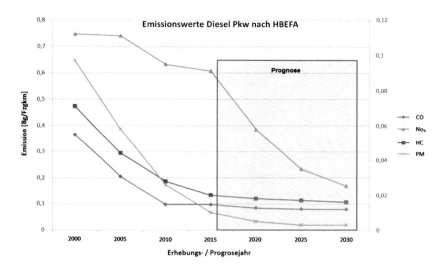

Abb. 1.23 Historie und Prognose unterschiedlicher Emissionswerte. (Quelle: Daten aus (INFRAS kein Datum), eigene Darstellung)

Fortschritt, der vor allem mit EURO VI-Fahrzeugen erzielt wurde. Die technologischen Herausforderungen sind prinzipiell ähnlich wie beim Personenfahrzeuge, jedoch durch veränderte Randbedingungen nicht immer übertragbar.

Im Nutzkraftfahrzeug-Sektor konnten wegen einfacherer Platzverhältnisse PEMS-Messungen schon früher durchgeführt werden. Die Durchführung derartiger Messungen war schon Thema der EU Regulierung EC 715/2007 „The use of portable emission measurement systems and introduction of ‚not-to-exceed‘ regulatory concepts should also be considered." (s. Abb. 1.24).

Die Ausführungen zeigen die niedrigen EURO VI-Stickoxidemissionen eines Stadtbusses (3) auf dem Niveau eines typischen EURO6-PKWs. Moderne EURO6-LKW emittieren im betriebswarmen Zustand weniger als 20 ppm Stickoxidemissionen. Eine Reduzierung um den Faktor 100 im Vergleich zu frühen Fahrzeugen der 1990er Jahre konnte erreicht werden. Eine technologische Herausforderung verbleibt weiterhin die Vermeidung der SCR-Auskühlung, jedoch bewegt sich die NO$_x$-Emission insgesamt auf einem signifikant niedrigeren Niveau.

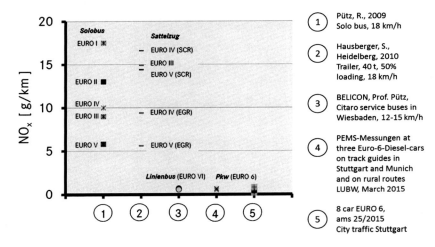

Abb. 1.24 PEMS Messungen an Lastkraftfahrzeugen unterschiedlicher Emissionsklassen zeigen Reduktion der Emissionen eines Linienbusses (3). (Quelle: Herrmann und Gärtner 2016)

1.6   Bewertung der Immissionssituation

In der BRD sind 396 Messstationen nach Angaben des UBA installiert, die die NO_2 Immissionsbelastung messen (Minkos et al. 2017). Von diesen 396 Messstationen liegt circa die Hälfte in Wohngebieten (ländlich und städtisch). Alle NO_2-Messungen liegen unterhalb des Grenzwertes! 24 Umweltmessstationen liegen in Industrienähe. Auch diese zeigen keine NO_2-Auffälligkeit.

Die zweite Hälfte der Messstationen liegt unmittelbar verkehrsnah an Straßen. Nur noch bei diesen Messungen direkt in Straßennähe werden Grenzwertüberschreitungen detektiert (Jahresmittelwert > 40 µg/m³). Hier weisen noch zu viele Stationen eine Grenzwertüberschreitung auf, jedoch ist ein positiver Trend zu verzeichnen. Da Messstationen mit niedrigen Messergebnissen oftmals verlagert werden zu stärker belasteten Straßenzügen, sind in Abb. 1.25 ausschließlich diejenigen 87 Messstationen dargestellt, welche kontinuierlich aufgezeichnet wurden.

Bereits aus dieser Analyse lässt sich ein klarer Trend ableiten. Auch wenn an hoch belasteten Stellen eine Grenzwertüberschreitung erfolgt, so ist deutschlandweit eine klare Verbesserung der Immissionsbelastung ersichtlich, vor allem auch in den Ballungszentren (Abb. 1.25, 1.26. und 1.27).

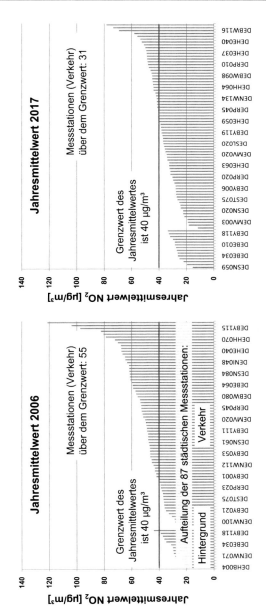

Abb. 1.25 Vergleich der NO$_2$-Jahresmittelwerte von städtischen Messstationen in Deutschland, welche durchgehend zwischen 2006 bis 2017 betrieben wurden. (Quelle: KIT, eigene Darstellung, Daten: Umweltbundesamt)

2000   **2015**

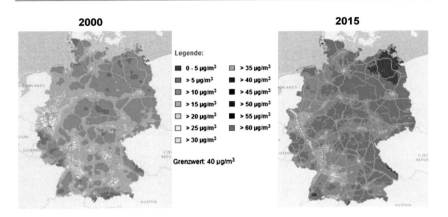

Abb. 1.26 Verbesserung der NO$_2$ Immissionsbelastung von 2000 bis 2012 in der BRD. (Quelle: Umweltbundesamt 2016)

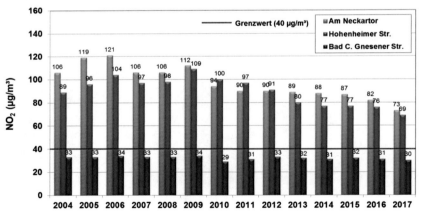

Abb. 1.27 NO$_2$-Jahresmittelwertentwicklung in Stuttgart an 3 Messstationen. (Datenquelle: LUBW)

Die Messstation mit der bundesweit höchsten Konzentration liegt in Stuttgart am Neckartor. Auf diese Messstation konzentrieren sich die weiteren Ausführungen, da sie als „worst-case" Fall sehr gut geeignet ist (s. Abb. 1.28).

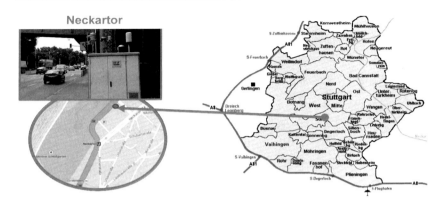

Abb. 1.28 Lage der Messstation Stuttgart am Neckartor. (Quelle: Koch, Evaluation of NO_x-formation of modern diesel engines, current legislation and emission impact on environment and human health 2016)

Die Umweltmessstation Stuttgart am Neckartor misst im Jahr 2017 einen Jahresschnitt von 73 $\mu g/m^3$ (LUBW Landesanstalt für Umwelt, Messungen und Naturschutz Baden-Württemberg 2016). Im Jahr 2015 betrug der Mittelwert 87 $\mu g/m^3$. Dies ist neben der Landshuter Allee in München der höchste in Deutschland gemessene Jahresdurchschnitt einer Messstation. Die erhöhten Stickoxidemissionen rühren von 70.000 Fahrzeugen inklusive 2000 schweren Nutzfahrzeugen. Neben der Spotmessstelle „Am Neckartor" wurden im Jahr 2015 insgesamt an 87,9 km der Straßen der Stadt Stuttgart ein NO_2-Jahresmittelwert ≥ 40 $\mu g/m^3$ berechnet (Ministerium für Verkehr, Land Baden-Württemberg 2017).

Dieser Jahresdurchschnitt von 82 $\mu g/m^3$ ist natürlich zügig auf 40 $\mu g/m^3$ zu reduzieren. Gleichwohl ist eindrücklich, dass im ebenfalls nahe gelegenen verkehrsreichen Gebiet Bad Cannstatt kontinuierlich Werte um ca. 30 $\mu g/m^3$ erreicht werden. Wichtig ist die Tatsache, dass von 2006 bis heute eine Reduzierung des Jahresmittelwertes am Neckartor um fast 30 % erreicht werden konnte. Ebenfalls wichtig ist die Tatsache, dass die NO_2-Jahresspitzenbelastung bereits deutlich reduziert wurde. Im Jahr 2015 haben in der BRD nur noch vier Umweltmessstationen mehr als die erlaubten 18 h mit einer NO_2-Immissionsbelastung oberhalb 200 $\mu g/m^3$ aufgewiesen. Im Jahr 2017 wurde an keiner Messstation eine Überschreitung des gesetzlichen Stundengrenzwertes gemessen. Es verbleibt trotzdem noch immer ein entscheidender Beitrag des Verbrennungsmotors zu erhöhten NO_2-Immissionswerten bei rückläufiger Tendenz!

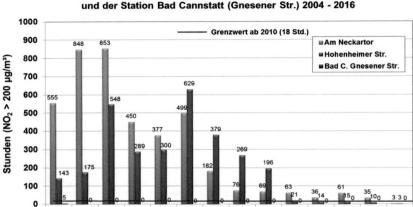

Abb. 1.29 Anzahl an Überschreitungsstunden $NO_2 > 200$ µg/m^3 in Stuttgart an drei Messstationen. (Datenquelle: LUBW)

Bereits die bisherige Abnahme ist vor allem auf verschiedene Emissionsverbesserungen der PKW zurückzuführen (Abb. 1.29).

An dieser Stelle sei auf einen weiteren sehr wichtigen Effekt verwiesen, der Sensitivität der NO_2-Messung vom Messort. Die Lage der Messstation am Neckartor ist derart gewählt, dass die lokal höchste Emission erfasst wird (worst-case-Prinzip). Bei erhöter Messposition (Fußgängerbrücke) oder im nahen Parkbereich liegen die NO_2-Werte auf vermindertem Niveau (Abb. 1.30).

Bereits auf der gegenüberliegenden Straßenseite in Richtung Schlosspark wird am Messtag (hinter einer Lärmschutzmauer und Gewächs) anstelle der Konzentration von 120 µg/m^3 ein Wert von 47 µg/m^3 gemessen. Übrigens wurden in Stuttgart im letzten Jahr noch weitere Messungen entlang der viel befahrenen B14 durchgeführt. Jedoch ist das Neckartor weiterhin die Messstation mit dem höchsten NO_2-Wert.

▶ Die erhöhten Konzentrationen, unmittelbar an der Straße am Neckartor, sind lokale Höchstkonzentrationen und nicht auf anliegende Wohnviertel zu übertragen.

Dies zeigen auch andere Publikationen (s. Abb. 1.31).

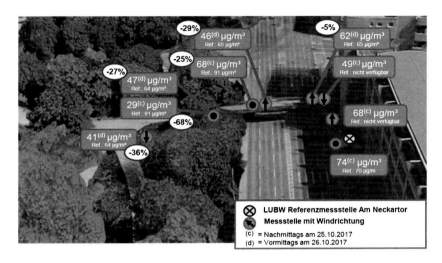

Abb. 1.30 Sensitivität der NO$_2$-Messung vom Messort. (Quelle: KIT, eigene Messung)

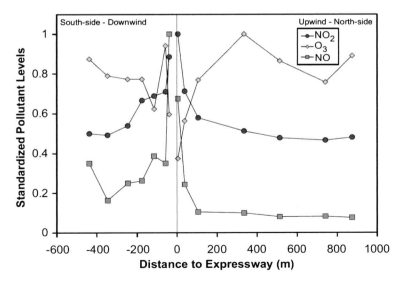

Abb. 1.31 Sensitivität der NO$_2$-Messung von der Entfernung zum Messort „Straße".
(Quelle: Beckerman et al. 2008)

Verschiedene Extrapolationsrechnungen zeigen nun eine erreichbare Halbierung der verkehrsbedingten NO_x-Emissionen, die bereits bis 2020 erzielt werden kann (Abb. 1.32). Diese Rechnungen berücksichtigen jedoch noch nicht das deutlich verbesserte Realemissionsverhalten von EURO6d-Temp Fahrzeugen. Dieses liegt bei dem typischen Verkehr am Neckartor signifikant unterhalb von 80 mg/km. Dies wird zu einer weiteren Reduzierung der NO_2-Immission führen.

Hochrechnungen zeigen zwar, dass der Grenzwert unmittelbar an der Messstation auch mit dieser Verbesserung nicht erreicht wird, jedoch ist Folgendes zusätzlich zu erwähnen.

Wie bereits erwähnt sind die HBEFA-Faktoren, welche Basis für diese Analysen sind, für alle Fahrzeugtypen (NFZ, PKW-Diesel, PKW-Otto) für EURO6d-Temp zu hoch angesetzt. Der technologische Fortschritt kann bei diesen Analysen also noch nicht abgebildet sein. Dies wird zu einer schnelleren Reduzierung der NO_2-Immission führen. Sehr zeitnah werden also die lokal verkehrsbedingten Emissionen nicht mehr die Hauptursache für die NO_2-Immission sein. Die Hintergrundbelastung (Industrie, Feuerungsanlagen, …) wird an Bedeutung gewinnen und der Beitrag des Verbrennungsmotors und hier des Dieselmotors wird kontinuierlich

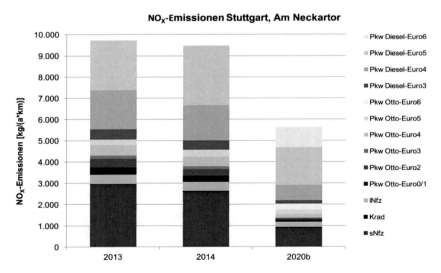

Abb. 1.32 Entwicklung der NO_x-Emissionen am Neckartor. (Quelle: Schneider et al. 2015)

weiter reduziert werden. Es wird in Zukunft sehr auf die Differenzierung zwischen Hintergrundbelastung und lokaler Belastung zu achten sein.

Abb. 1.33 dokumentiert, dass auch am Stuttgarter Neckartor unmittelbar an der Straße der Gesamtverkehrsbeitrag zum NO2-Immissionsgrenzwert gering ist, wenn alle Verkehrsteilnehmer ein Fahrzeug mit moderner, bereits verfügbarer EURO6 Technologie der neuesten Ausbaustufe bewegen. Argumente gegen den dieselmotorischen Antrieb aus Immissionsgründen sind daher komplett verfehlt. Häufiger wurde im Kontext der Immissionswerte der Vergleich mit der maximalen Arbeitsplatzkonzentration (MAK) von $950 \,\mu g/m^3$ herangezogen. Natürlich ist hier zu beachten, dass dieser Konzentrationsgrenzwert nur für erwachsene, gesunde Menschen In Kombination mit einer arbeitsmedizinischen Begleitung Gültigkeit hat. Berücksichtigt werden muss natürlich, dass für Risikogruppen bei einer dauerhaften Exposition in Überlagerung mit anderen Umwelteinwirkungen zur Vermeidung auch von chronischen Erkrankungen strengere Grenzwerte notwendig sind. Andererseits sind die sehr lokalen Spitzenkonzentrationspeaks wie am Neckartor in Stuttgart sicherlich nicht repräsentativ für ein Stadtgebiet. Der europäische Grenzwert von $40 \,\mu g/m^3$ im Vergleich zu 53 ppb ($\sim 100 \,\mu g/m^3$) in den USA oder andererseits zu einer WHO-Empfehlung von $20 \,\mu g/m^3$ ist daher Gegenstand verschiedener Diskussionen. Eine bereits heute ersichtliche Unterschreitung dieses aktuell gültigen Grenzwertes durch den Einsatz modernster Technologie wird sicherlich die Diskussion beruhigen.

▶   Bereits in wenigen Jahren werden wir auch an der ungünstigsten Stelle in der BRD einen NO_2-Wert in unmittelbarer Reichweite des Immissionsgrenzwertes von $40 \,\mu g/m^3$ erreichen! Optimistische Annahmen zeigen, dass wir unter Umständen sogar früher diesen Grenzwert einhalten können. Eine deutliche weitere Verbesserung zeichnet sich also ab. Hauptursache ist der Entfall alter Fahrzeuge und die neue EURO6-Technologie. Vor diesem Hintergrund ist die Aussage der Präsidentin des UBA verwunderlich und indiskutabel „Bis 2030 wird sich die Luftqualität in unseren Städten nicht wesentlich verbessern, wie erste Modellrechnungen auf Basis der neuen geplanten EU-Abgas-Grenzwerte zeigen."

Interessant ist übrigens, dass in anderen europäischen Ländern nicht an der ungünstigsten Stelle, sondern frei stehend gemessen wird. Aus diesem Grund liefern fast alle Messstationen bereits 2010 Immissionswerte im Zielbereich des Grenzwertes von $40 \,\mu g/m^3$.

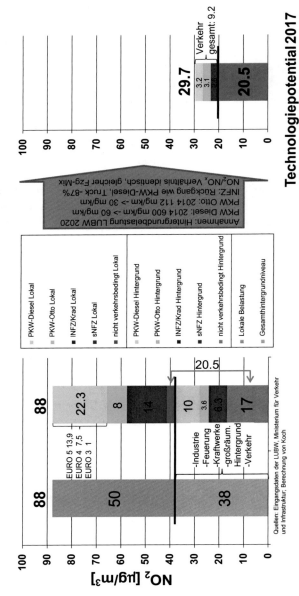

Abb. 1.33 Entwicklung der NO_2-Immission am Neckartor. (Quelle: Koch und Toedter, Eine Bewertung des dieselmotorischen Umwelteinflusses 2018)

Auch in Madrid zeichnet sich über die Jahre übrigens eine kontinuierlich besser werdende NO_2-Immission aufgrund verbesserter Flottenemissionen ab (s. Abb. 1.34). Die strenge Handhabung in Deutschland, an der höchst belasteten Stelle zu messen, wird bei einer Einhaltung des Grenzwertes überall dazu führen, dass die Immissionsbelastung für die Bürger nochmals niedriger ist. Dies ist sicherlich ein attraktiver Gedanke. Gleichzeitig ist die jetzige Hot-Spot Messung nicht mit einer durchschnittlichen Belastung der Bürger gleichzusetzen.

Das Thema der NO_x-Entwicklung wurde in den früheren EEA-Reports (EU emission inventory report 1990–2010) nicht als Problem gesehen, sondern im Bereich der Zielerreichung, die Deutschland auch hinter Luxemburg als zweitbestes Land bezogen auf die Göteborg-Ziele fortgesetzt hat. Dies ist trotz zwischenzeitlicher Erhöhung des Dieselanteils der Fahrzeugflotte bemerkenswert (s. Abb. 1.35).

Übrigens beinhaltet der 2014er Bericht „Transport for Health – the global burden of disease from motorized road transport" keinen Hinweis auf einen NO_2-Beitrag (Bhalla et al. 2014).

Verschiedene epidemiologische Studien der 1990- und 2000er Jahr können zudem keinen signifikanten Einfluß der NO_2-Konzentration auf die Gesundheit feststellen. Geringe Abhängigkeiten gehen mit sehr großen Toleranzbereichen der Betrachtungen einher. Statistische Aussage sind oftmals nicht belastbar.

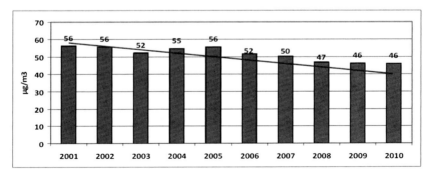

Abb. 1.34 Entwicklung der NO_2-Immission in Madrid. (Quelle: General Directorate of Sustainability 2012)

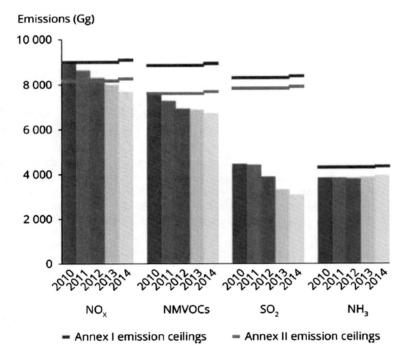

EU progress in meeting emission ceilings set out in the NECD Annexes I and II

EU progress in meeting emission ceilings (for compliance and for environmental objectives) of the four main air pollutants regulated in the 2001 National Emission Ceilings Directive

Abb. 1.35 Zielerreichungsgrad der Göteborg-Ziele. (Quelle: European Environment Agency 2016)

Erstmalig wurden mit der EUA Studie von 2013 eine Quantifizierung des NO_2-Beitrages auf die Mortalität (Deutschland 112.400 years life lost) versucht. Diese Zahl ist Ansporn, die Immissionsbelastung zeitnah abzusenken, wie es in den nächsten Jahren auch geschehen wird. Gleichwohl ist vor dem 5. Untersuchungsausschuss des Deutschen Bundestages eine lebhafte Debatte über die Belastbarkeit der Zahlen entstanden. Beispielsweise sind sozio-ökonomische

Aspekte nicht berücksichtigt worden, die Expositionen wurden bis heute nicht veröffentlicht und die kontinuierliche Verbesserung der Luft über die letzten Jahre scheint ebenfalls nicht abgebildet zu sein. Hinter vorgehaltener Hand wurde mir von einem an der Studie beteiligten Wissenschaftler bestätigt, dass die Studie hervorragend geeignet ist, um die Luftqualität zwischen einzelnen Ländern zu vergleichen. Ein absoluter Zahlenwert ist kritisch zu sehen. In gerade populistischer Art wird jedoch mit 10.061 jährlichen Toten öffentlich Besorgnis und Angst stimuliert.

Eine kritische Betrachtung dieses Sachverhaltes ist noch immer unpopulär. Gleichwohl ist die Diskussion vielschichtig und mitnichten trivial. Sicherlich müssen mit allen Anstrengungen in den nächsten Jahren die weitere Reduzierung der NO_2-Immissionsbelastung angestrebt werden, um auch an den absoluten Hotspots eine NO_2-Jahresmittelbelastung von 40 $\mu g/m^3$ einzuhalten. Unstrittig ist die Toxizität von NO_2 bei hohen Konzentrationen. Unzählige verschiedene widersprüchliche Veröffentlichungen und Aussagen kursieren hierzu. Aus diesem Grund sind alle Beteiligten aufgerufen, mit Augenmaß diese letzte kritische Emissionskomponente zeitnah auf ein sicher unbedenkliches Maß zu reduzieren, um die Diskussion unabhängig vom wahren Schädigungsausmaß, zeitnah zu beenden. Auf jeden Fall ist es bereits heute so, dass an den höchstbelasteten Stellen in Deutschland in den Häusern durch die in geschlossenen Räumen veränderte Luftzusammensetzung der NO_2-Grenzwert überall eingehalten wird. Die erhöhten Werte sind noch bei einem Aufenthalt an den Straßen zu verzeichnen, stehen jedoch in keinem Verhältnis zu Umweltbelastungen wie bei einem Feuerwerk, einem Betrieb eines Kamins, einem Anbraten eines Steaks oder einem Betrieb einer Holzofengrills.

Kraftstoffverbrauch und CO₂- Emissionen

Neben den Emissionen wurde bislang auch der offizielle Kraftstoffverbrauch auf der Basis einer NEFZ-Zertifizierung bestimmt. Dieser NEFZ-Fahrzyklus (englisch: NEDC) war, wie im Abschn. 1.2 dargestellt, nicht als Zyklus zur Erfassung des Realverbrauches gedacht, sondern nur zum Vergleich verschiedener Fahrzeuge. Im Rahmen der am 04.06.2008 gestarteten Verhandlungen zu einem weltweit harmonisierten Testzyklus WLTC (Worldwide harmonized Light vehicles Test Cycle) ist im dritten Teilprotokoll festgehalten, dass sogenannte „real driving patterns" berücksichtigt werden sollten, um einen realistischeren Realverbrauch zu erzielen (s. Abb. 2.1). Ähnlich den konventionellen Emissionen ist vor allem beim Fahrzeugverbrauch schon lange bekannt, dass realistische Werte nur sehr bedingt wiedergegeben werden!

Ein Mehrverbrauch im Realbetrieb in der Größenordnung von 30–40 % ist häufig anzufinden. Abb. 2.2 zeigt die Schwierigkeit bei der Verbrauchsbestimmmung anhand der Spannweite meines persönlichen Fahrzeugverbrauches (Baujahr 2010, NEFZ-Angabe 6,0–6,5 l/100 km). In dieser Bandbreite kann sich prinzipiell der Verbrauch bewegen. Bei Fahrzeugstillstand und Motorbetrieb (z. B. Heizbetrieb, elektrischer Verbrauch bedingt Motorbetrieb) ist der Verbrauch unendlich!

Gründe für Abweichungen vom Normverbrauch sind vielschichtig und beispielsweise vom ICCT publiziert. In der Regel ist der Realverbrauch höher als die NEFZ-Angabe (s. Abb. 2.3).

Einen Einfluss haben hierbei die viel diskutierten Ausrolltests. Natürlich wird bei der Bestimmung der Ausrollkurven die Grenze des Erlaubten – die Ausrollkurve wird von den Herstellern bestimmt – ausgereizt. Reifenluftdruckanhebung, Aerodynamikoptimierungen und weitere Maßnahmen kommen zum Einsatz.

Die gefühlte Zunahme der Abweichung ist jedoch in erster Linie ein mathematischer Effekt, wie anhand von Abb. 2.4 gezeigt werden kann.

© Springer Fachmedien Wiesbaden GmbH, ein Teil von Springer Nature 2018 47
T. Koch, *Diesel – eine sachliche Bewertung der aktuellen Debatte*, essentials,
https://doi.org/10.1007/978-3-658-22211-6_2

Platz Modell	Motorisierung	Normverbrauch (Liter/100km)[1]	spritmonitor.de (Liter/100km)[2]	Mehrverbrauch[3]
1 VW Golf	1.6 TDI, 110 PS (Schaltgetriebe)	3,2-3,9	5,33 (n=36)	50,1%
2 VW Passat	2.0 TDI, 140 PS[4] (Schaltgetriebe)	4,6	6,06 (n=18)	31,7%
3 VW Polo	1.2 TSI, 90 PS (Schaltgetriebe)	4,7	6,11 (n=26)	30,0%
4 Audi A3	1.4 TFSI cod ultra, 150 PS (Schaltgetriebe)	4,7	7,31 (n=10)	55,5%
5 VW Tiguan	2.0 TDI, 110 PS (Schaltgetriebe)	5,3	6,49 (n=11)	22,5%
6 Mercedes C-Klasse	C220 BlueTec, 170 PS (Automatikgetriebe)	4,3-4,7	6,34 (n=19)	40,9%
7 BMW 3er	320d, 184 PS (Automatikgetriebe)	4,4-5,1	6,64 (n=31)	39,8%
8 Opel Corsa	1.4, 87 PS[5] (Schaltgetriebe)	5,7	7,56 (n=13)	32,6%
9 Skoda Octavia	1.8 TSI Green tec, 180 PS (Schaltgetriebe)	6,1	7,82 (n=11)	28,4%
10 BMW 1er	116i, 136 PS (Schaltgetriebe)	5,4-5,6	7,47 (n=26)	35,8%
			Durchschnittliche Abweichung:	**38%**

Abb. 2.1 Einfluss des individuellen Fahrprofils auf den Realverbrauch. (Quelle: Deutsche Umwelthilfe e. V. 2015)

Maximalverbrauch,
Stadtverkehr/Stau
13,3 l/100km

Minimalverbrauch,
Überland/Autobahn
4,2 l/100km

Abb. 2.2 Spannweite des Fahrzeugverbrauches bei einer Normangabe von 6,0–6,5 l/100 km. Die Verbrauchsspannweite ist bedingt durch Individualisierungsmöglichkeiten der Fahrzeuge (Reifen, Fahrwerk, Ausstattungsumfänge, …). (Quelle: KIT, eigene Fotografie)

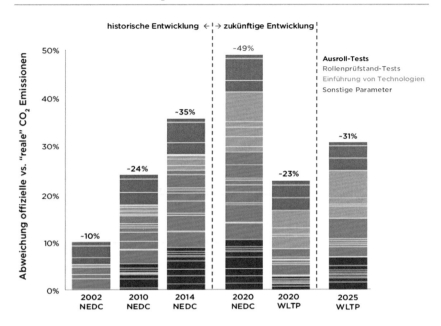

Abb. 2.3 Spannweite des Fahrzeugverbrauches bei einer Normangabe von 6,0–6,5 l/100 km. (Quelle: Newsletter et al. 2015)

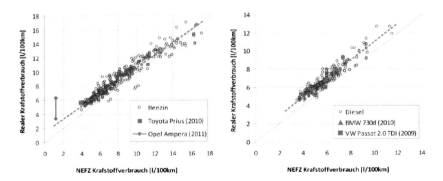

Abb. 2.4 Vergleich der Real- und NEDC-Verbräuche. (Quelle: Spicher und Matousek 2014)

Die Abweichung zwischen realem und NEFZ-Kraftstoffverbrauch ist in etwa konstant (vor allem bei Dieselfahrzeugen) über die gesamte Flotte und beträgt im Mittel ungefähr 1 l/100 km.

In einer anderen Darstellung des ADAC beträgt die Verbrauchsdifferenz (Real zu NEFZ) etwas weniger (Abb. 2.5). Die Realverbrauchsdifferenz nimmt leicht von 0,5 auf 0,8 l/100 km von 2005 bis 2015 zu. Im Wesentlichen ist dies auf Maßnahmen zurückzuführen, die im NEFZ eine bessere Verbrauchsreduzierung erzielen als in der Realität (z. B. Downsizing, Kennfeldoptimierung in der Teillast …).

▶ **Wichtig** Bei einem Verbrauchsniveau von 10 l/100 km entspricht ein realer Mehrverbrauch von einem Liter auf 100 km (1 l/100 km) exakt 10 %. Bei einem Verbrauchsniveau von 4 l/100 km entspricht diese gleiche Differenz einem Mehrverbrauch von 25 % bei gleichbleibender absoluter Differenz!

Es ist prinzipiell gefährlich, eine prozentuale Angabe bei kleinen Zielwerten als Maßstab zu nehmen. Dieser irreführende Trend ist zwischenzeitlich häufiger zu beobachten. Absolute Zahlen sind aussagekräftig!

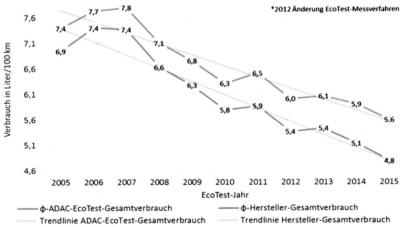

Abb. 2.5 Entwicklung von Zertifizierungs- und Realverbrauch. (Quelle: Herstellerverbrauch vs. ADAC Eco Test-Verbrauch kein Datum)

Sicherlich ist ein Mehrverbrauch zu beobachten. Einen Anteil hieran haben die Fahrzeugherstellermaßnahmen bei der Zertifizierung. Trotz allem ist das Verbrauchsverhalten und das Mehrverbrauchsverhalten physikalisch plausibel und im Wesentlichen nicht mit Abschaltvorrichtungen begründet.

Sollten nur im Zertifizierungstest beispielsweise angepasste Getriebeprogramme zum Einsatz kommen, welche im Realbetrieb nicht gewählt werden, so liegt natürlich ein Verstoß vor. Im Wesentlichen sind die erhöhten Verbrauchswerte im Realbetrieb jedoch physikalisch erklärbar.

Zusätzliche Bemerkungen zur Thematik „Dieselgate"

Im Zusammenhang mit der komplexen Gesamtthematik sind in diesem Kapitel verschiedene weitere Aspekte, welche im Kontext verbrennungsmotorischer Emissionen vielleicht nicht unmittelbar im Fokus der Öffentlichkeit liegen, die jedoch trotzdem von Wichtigkeit sein können, aufgeführt.

Gesetzgebung

Die größte Herausforderung bei der zielgerichteten Entwicklung moderner Verbrennungsmotoren ist die Verfügbarkeit der benötigten Entwicklungszeit!

Circa vier bis fünf Jahre vor Serienproduktionsstart muss das Konzept fertig definiert sein, bevor die eigentliche Serienentwicklung mit komplexen Applikations-, Produktions-, Zulieferer-, Motorerprobungstests starten kann. Der Gesamtentwicklungsprozess von der Forschung über die Vorentwicklung bis zum Produktionsstart erstreckt sich über mehr als zehn Jahre.

Die Gesetzgebung EURO6d-Temp, welche ab 09/2017 Gültigkeit haben wird, wird erst im Jahr der Einführung **finalisiert.** Erst im Dezember 2016 wurde das entscheidende Paket 3, welches beispielsweise die Handhabung des Kaltstartes regelt, verabschiedet. Die Randbedingungen, unter denen die Emissionsmessungen im Feld durchgeführt werden, sind noch immer in der Diskussion. Veröffentlicht wurde das Gesetz erst im Juli 2017. Bis zu einem Verkauf eines Fahrzeuges muss nach einer finalen Gesetzesüberprüfung eine letzte Applikationsanpassung sowie eine ebensolche Fahrzeugabsicherung erfolgen. Hierfür sind einige Monate realistisch. Erst danach ist eine Zertifizierung möglich. Dies führt dazu, dass offizielle EURO6$_{dtemp}$ Fahrzeuge von vielen Herstellern erst im Jahr 2018 angeboten werden können.

Die Entwicklung ist in Teilen zu einem Lotteriespiel geworden, da die Randbedingungen, auf die hin entwickelt werden muss, sehr spät definiert werden. Dies ist keine Legitimation für einen inakzeptablen Verbau einer Zykluserkennung,

© Springer Fachmedien Wiesbaden GmbH, ein Teil von Springer Nature 2018
T. Koch, *Diesel – eine sachliche Bewertung der aktuellen Debatte,* essentials,
https://doi.org/10.1007/978-3-658-22211-6_3

jedoch ist eine stabile langfristige Planung bislang aufgrund sehr vieler Unbekannter eine große Herausforderungen gewesen.

Öffentliche Wahrnehmung

Hochrechnungen zeigen, dass der Beitrag der Dieselflotte – sollte diese ausschließlich aus den modernsten heute vorliegenden Dieselfahrzeugen (Substitution von EURO3-4-5 durch EURO6d-Temp-Besttyp) bestehen – zur NO_2 Gesamtkonzentration in Stuttgart am Neckartor (2015 ca. 87 $\mu g/m^3$ mit einem PKW-Dieselbeitrag von ca. 32 $\mu g/m^3$) auf ca. 3 $\mu g/m^3$ reduziert ist. Die Technologieentwicklung ist eindrücklich.

Vor diesem Hintergrund ist die noch immer zu beobachtende Berichterstattung mit teilweise retuschierten Bildern von 30 Jahre alten Ottomotoren ohne Abgasnachbehandlung exemplarisch für unsere Technikskepsis (s. Abb. 3.1)!

Neuer Abgastest

Die dreckige Wahrheit über Dieselautos

Die Abgastests für Autos gelten als realitätsfern. Ein neues Verfahren soll für ehrlichere Werte sorgen. Forscher haben 32 Dieselfahrzeuge jetzt auf diese Weise untersucht. Das Ergebnis ist für viele Hersteller blamabel.
mehr... [Forum]

Abb. 3.1 Typische zeitgenössische Berichterstattung. (Quelle: Spiegel 2015)

Zusammenfassung

Insgesamt stellt sich ein vielschichtiges Bild im Zusammenhang mit der diesel-motorischen Stickoxidemissions- und Immissionssituation dar.

Die Situation in den USA ist nicht mit der in Europa vergleichbar, da sich die Gesetzgebung deutlich unterscheidet. Eine differenzierte Diskussion ist deshalb notwendig.

Im Verlauf der letzten 20 Jahre sind zweifelsohne enorme Anstrengungen unternommen und Entwicklungsinvestitionen im zweistelligen Milliarden-bereich im Bereich der Dieseltechnologie realisiert worden. Entscheidende Ver-besserungen sind erzielt worden, um die Emissionsthematik zu lösen. Dies ist zwischenzeitlich auf der technischen Seite gelungen.

Gleichzeitig ist die Immissionsbelastung von Partikeln und NO_2 unmittelbar an den viel befahrenen Straßen noch immer zu hoch. Der Beitrag des Dieselmotors zur Partikel/Feinstaubthematik kann jedoch aufgrund des weitestgehend flächen-deckenden Einsatzes des Partikelfilters vernachlässigt werden! Der Dieselmotor liefert nur noch bei der Immissionskomponenten NO_2 einen deutlichen Beitrag. Dieser wird in den nächsten Jahren durch das Verschwinden von Alttechnologien deutlich reduziert werden! Vor allem die EURO4- und EURO5-Fahrzeuge sind aufgrund ihres sehr hohen direkten NO_2-Emissionsniveaus verantwortlich für die NO_2-Immissionsbelastung. Die meisten EURO6-Fahrzeuge wurden bereits soft-wareseitig überholt und emittieren deutlich weniger als 300 mg/km mit Abgas-nachbehandlung.

Seit über zehn Jahren sinkt die Immissionsbelastung kontinuierlich und in den nächsten Jahren ist mit einem weiteren Abfall zu rechnen. Der Ersatz der alten Fahrzeuge durch modernste Fahrzeuge, die gemäß der RDE (real driving emission)-Gesetzgebung entwickelt wurden, wird eine deutliche und zeitnahe Verbesserung zur Folge haben.

© Springer Fachmedien Wiesbaden GmbH, ein Teil von Springer Nature 2018   55
T. Koch, *Diesel – eine sachliche Bewertung der aktuellen Debatte*, essentials,
https://doi.org/10.1007/978-3-658-22211-6_4

Insgesamt sind sehr viele Aspekte bei der Bewertung der dieselmotorischen NO_x-Emissionssituation entscheidend. Es wurden auf der einen Seite nicht akzeptable Fehler seitens der Industrie begangen, beispielsweise ist der Einsatz einer Zykluserkennung vom Gesetzgeber im Betrieb ausdrücklich verboten. Gleichzeitig sind auch zahlreiche vernünftige Entscheidungen getroffen worden und wichtige Technologien vorangetrieben worden. Viele technologisch notwendige emissionserhöhende Maßnahmen sind sicherlich nicht die Folge einer Zykluserkennung. Es sind also sowohl positive als auch kritisch zu wertende Sachverhalte aufzuführen.

Positiv zu wertende Sachverhalte
Von sämtlichen unerwünschten Emissionskomponenten des Dieselmotors ist lediglich die Stickoxidemission noch relevant. Partikel, HC, CO oder SO_x sind nicht mehr bedeutsam.

Trotz einer deutlichen Zunahme des Verkehrsvolumens konnten die Stickoxidemissionen, welche durch den Personenverkehr bedingt sind, um mehr als 50 % seit 2000 und circa 70 % seit 1990 reduziert werden.

Eine kontinuierliche Verbesserung von EURO3 bis EURO6 der NO_x-Emissionen wurde erreicht. Leider war vor allem bei dem Schritt von EURO4 zu EURO5 durch die Einführung des Partikelfilters keine NO_x-seitige Verbesserung in der Realität erzielbar.

Sämtliche NO_2-Immissionsmessungen in Wohngebieten/Industrienähe in der BRD liegen unterhalb des Grenzwertes.

Seit 2006 erfolgte eine Reduzierung der NO_2-Überschreitungsstunden (Konzentration oberhalb von 200 $\mu g/m^3$) von 855 h auf 61 h im Jahr 2015 in Stuttgart am Neckartor. Im Jahr 2017 werden gemäß Vorhersage im September vermutlich überall in Deutschland die Stundengrenzwerte eingehalten.

Der Jahresmittelwert verbesserte sich im gleichen Zeitraum von 121 $\mu g/m^3$ auf 82 $\mu g/m^3$ (im Zeitraum von 2014–2016).

Erste aktuelle Dieselmodelle vorerfüllen bereits EURO6d-Temp bereits EURO6d-Temp seit fast zwei Jahren, obwohl das Gesetz erst seit Juli 2017 veröffentlicht ist.

Vor allem für die Emissionsstufen EURO4 und EURO5 sind Bauteilschutz (DPF-Schutz, AGR-Ventilschutz) sowie Fahrzeugverbrauch, Robustheit und Fahrbarkeit vorrangig zulasten der Stickoxidbildung gewichtet worden. Dies erklärt das unbefriedigende Stickoxidemissionsverhalten in zahlreichen Betriebszuständen.

Die großen Probleme und Herausforderungen im Bereich Betriebssicherheit (Abgasrückführung, Bauteilschutz Partikelfilter, Ablagerungen im SCR-Trakt,

Betriebssicherheit) konnten durch umfangreiche Forschungs- und Entwicklungsarbeiten in den letzten zehn Jahren entschärft werden. Vollumfänglich fließen diese Erkenntnisse vor allem in die modernsten Fahrzeuge ein, die bereits EURO6dTemp vorerfüllen.

Die Einführung der EURO6d-Temp- und RDE-Gesetzgebung in 2017 ist sehr zu begrüßen. Bereits die scharfe EURO6d-Temp-Gesetzgebung wird zu einer Reduzierung der Stickoxidemissionen in der Größenordnung von 80 bis 90 % im Realbetrieb im Vergleich zu typischen EURO6a/b Fahrzeugen führen.

Im typischen Realbetrieb werden die Dieselfahrzeuge in Zukunft den Emissionsgrenzwert sogar in der Größenordnung von 50 % und mehr unterschreiten. Die Emissionsnorm deckt auch sehr anspruchsvolle, seltene Fahrsituationen ab. Da diese ebenfalls erfüllt werden müssen, ist im Normalbetrieb eine deutliche Unterschreitung vonnöten.

Bei den Nutzfahrzeugen ist eine deutliche Reduzierung der Stickoxidemissionen ebenfalls zu verzeichnen. Mit Einführung der EURO VI-Gesetzgebung im Jahr 2012 bei den Nutzfahrzeugen und Omnibussen ist der größte Schritt erreicht worden.

Kritisch zu wertende Sachverhalte

Seit über fünfzehn Jahren emittiert die Fahrzeugflotte im Realbetrieb höhere Stickoxidemissionen als der Grenzwert. Die Reduzierung der Stickoxidemissionen im Realbetrieb konnte nicht den gleichen Stellenwert wie die Partikelreduzierung, die CO_2-Reduzierung, die Optimierung des Fahrverhaltens oder die Betriebssicherheit erhalten.

Trotz Rückgang der NO_x-Emissionen sind die nicht explizit limitierten NO_2-Emissionen (Stickoxide werden bislang nur in Summe als NO_x limitiert) während der Emissionsnorm EURO4 und EURO5 von 2005 bis etwa 2014 aus technischen Gründen weitestgehend konstant geblieben.

Aufgrund des EURO4- und EURO5-NO_x-Grenzwertes (250 oder 180 mg/km) war eine Grenzwerteinhaltung zu keinem Zeitpunkt der Entwicklung in der Mitte der 2000er Jahre mit der damals vorliegenden Technologie in der Großserie, über die Fahrzeugflotte hinweg und vor allem im gesamten Betriebsbereich ganzheitlich zu erreichen. Die Stickoxidabgasnachbehandlung war nicht für eine Flottenanwendung verfügbar. Wenige vereinzelte Feldlösungen mit Stickoxidspeicherkatalysatoren oder SCR-Katalysator in den USA hatten Demonstratorcharakter und offenbarten sehr wohl Herausforderungen. Die Anforderung „niedrige innermotorische Stickoxidemissionen" ist nicht mit den weiteren motorischen Anforderungen Bauteilrobustheit, Betriebssicherheit, Fahrzeugverbrauch, Fahrverhalten im gesamten Betriebskennfeld in Einklang zu bringen gewesen. Vor allem der EURO5-Gesetzeskompromiss ist ein Widerspruch, der mit der damaligen Technologie an technische Grenzen stößt. Zur Realisierung einer Lösung musste eine Anforderung reduziert werden – die Wahl musste leider zwangsläufig auf erhöhte Stickoxidemissionen fallen. Es existieren zahlreiche Gründe für eine notwendige NO_x-Emissionserhöhung im Realbetrieb. Es ist jedoch schwer vermittelbar, dass sich die Entwicklung derart fokussiert auf den Zertifizierungs-NEFZ-Fahrbereich unter Testbedingungen konzentrierte. Hier wurde sicherlich der Bogen überspannt.

Einige Lösungen sind derart verwerflich, dass man sie gerade auch als Ingenieur nur scharf verurteilen kann! So ist ein inakzeptabler Vertrauensverlust in die wertvolle Dieseltechnologie in Kauf genommen worden!

Sehr wohl nachvollziehbar ist jedoch gleichzeitig, dass aufgrund der Grauzone zwischen Unerfüllbarkeit niedriger NO_x-Emissionen im höheren Lastbereich und Notwendigkeit der NEFZ-Testerfüllung in niedrigen Lastbereich die NO_x-Einhaltung in Richtung „NO_x-Erfüllung im Test" reduziert wurde. Nur so konnten die anderen komplexen und anspruchsvollen Anforderungen eingehalten werden. Jedoch ist die Frage berechtigt, inwiefern innerhalb dieser rechtlichen Grauzone eine Verbesserung der NO_x-Emissionen im Realbereich bei EURO4 und EURO5 Fahrzeugen noch möglich gewesen wären. Vor allem die sehr ausgeprägte Fokussierung auf die Verbrauchsreduzierung stand einer moderaten Absenkung der Stickoxidemissionen im Weg.

Zur Lösung des Zielkonfliktes „NEFZ-Testerfüllung" versus „Verhalten im Realbetrieb" sind bei EURO4 und oder EURO5 entweder legale – jedoch unbefriedigende – Abschaltbedingungen zum Einsatz gekommen oder als illegale Alternative eine Zykluserkennung (defeat device). Das NO_x-Emissionsverhalten beider Ansätze ist vergleichbar. Beiden Ansätzen ist eine zwangsläufig minimalistische Auslegung unter „NEFZ-Prüfbedingungen" gemein. Mit der zunehmend fokussierten Entwicklung „ausschließlich auf NEFZ" entstand eine NO_x-Erfüllungsstrategie nur und haarscharf im Testzyklus. Der Bogen bei der Auslegung der Stickoxidemissionsgestaltung im Realbetrieb ist bei einigen EURO4/5-Modellen sicherlich überspannt. Jedoch konnte aus den beschriebenen Gründen kein einziges Fahrzeug bei allen heutigen Messungen überhaupt im Realbetrieb auch nur annähernd das Emissionsniveau von z. B. 180 mg/km (EURO5) einhalten, was meine Thesen untermauert.

Mit Einführung der Emissionsnorm EURO6a/b und einer typischerweise hiermit einhergehenden Stickoxidabgasnachbehandlung wäre eine weitere Reduktion im Realbetrieb deutlich unterhalb von 500 mg/km für viele Anwendungsfälle möglich. Spitzenemissionswerte deutlich darüber (sogar bis über 1000 mg/km) sind für EURO6-PKW-Fahrzeuge mit NO_x-Abgasnachbehandlung inakzeptabel und torpedieren den technologischen Fortschritt.

Natürlich ist im Rahmen der kritischen Analyse die Frage interessant, ob eine strengere vorgezogene Gesetzgebung insgesamt früher eine Verbesserung ermöglicht hätte. Sicherlich wäre hier über einen zeitlichen Verlauf der letzten 20 Jahre eine weitere Verbesserung des NO_x-Emissionsverhaltens möglich gewesen. Ich sehe jedoch unter Berücksichtigung aller Randbedingungen keine wesentlichen NO_x-Potenziale ohne andere technische Einschränkungen. Es wurde jedoch sicher der NO_x-Anforderungen oftmals ein zu geringer Stellenwert beigemessen.

Mit Einführung der Emissionsnorm EURO6a/b im Jahr 2014 und einer typischerweise damit einhergehenden Stickoxidabgasnachbehandlung wäre mit akzeptablem Mehrverbrauch und moderat erhöhten Betriebskosten in der Tat ein größeres NO_x-Reduktionspotenzial von Beginn an möglich gewesen. Spätestens hier hätte der Gesetzestext, der ja auch ein Produkt langjähriger Verhandlungen ist, das Realemissionsverhalten strenger kontrollieren müssen. Die absolut unscharfe Regelung des NO_x-Grenzwertes unter realen Bedingungen führte zu einem Wettbewerbsnachteil von Technologien mit geringeren NO_x-Emissionen als Konkurrenzprodukte. Der Gesetzestext benachteiligt klar die „Bemühteren"! Dies ist ebenfalls ein inakzeptabler Zustand!

Kritik verdient die Tatsache, dass die Hersteller die CO_2-Reduzierung auch bei dieser ersten EURO6-Stufe viel wichtiger als die NO_x-Reduzierung erachtet haben.

Aus heutiger Sicht wäre die sinnvollste Lösung sicherlich gewesen, die EURO5-Norm, welche 2009 für Neuzertifizierungen in Kraft getreten ist, erst circa zwei Jahre folgen zu lassen. Dafür hätte das Realemissionsverhalten auch strenger als das EURO5 Niveau limitiert werden können, vor allem wäre eine NO_2-Grenze, trotz großer Herausforderungen bei der messtechnischen Bestimmung, sinnvoll gewesen. Eine Verschiebung der nächsten Emissionsstufe nach EURO4 war jedoch politisch aufgrund der erhöhten NO_2-Immissionsniveaus Ende der 2000er Jahre nicht durchsetzbar. Gleichwohl wäre heute ein großer Anteil der EURO5 Flotten mit einem signifikant niedrigeren Realemissionsniveau appliziert und ein wesentlicher Anteil der Immissionsbelastung wäre bereits reduziert.

Schlussbemerkungen

Die Lücke zwischen Real-NO_x-Emission und Grenzwert muss geschlossen werden und ist mit den modernsten RDE-Dieselfahrzeugen nach langer Entwicklungszeit geschlossen worden.

Der Immissionsbeitrag des PKW-Diesels an der höchst belasteten Messstation in Deutschland in Stuttgart am Neckartor würde bei einer Vollsubstitution der bisherigen Flotte mit modernsten Fahrzeugen gerade noch circa 3 μg/m^3 (heute ca. 26 μg/m^3; Grenzwert 40 μg/m^3) und somit weniger als 10 % vom Grenzwert betragen! Dies betrifft die Jahresmittelkonzentration unmittelbar an der Straße. Bereits wenige Meter entfernt von der Straße ist der Wert nochmals deutlich reduziert, in den anliegenden Gebäuden nochmals um mehr als die Hälfte.

Bei berechtigter Kritik an den meisten Herstellern vor allem wegen der minimalistischen Gesetzesauslegung ist vor allem durch die gesetzlichen Vorgaben eine unbefriedigende Situation entstanden. Weder waren die NO$_x$-Emissionsergebnisse (EURO4, EURO5) im Realbetrieb zu erreichen. Dies war technisch nicht möglich. Kein Fahrzeug konnte dies mit der flächendeckend vorliegenden EURO4/5 Technologie erfüllen. Zudem waren die Erwartungen an das Emissionsverhalten im Realbetrieb derart unpräzise definiert, dass von keinem Zwang zur Emissionseinhaltung unter realen Fahrbedingungen gesprochen werden kann.

Bei EURO6a Fahrzeugen mit NO$_x$-Abgasnachbehandlung stellt sich eine andere Situation dar. Aktionen einzelner Hersteller, Fahrzeuge im Rahmen von Feldaktionen nachzubessern, dienen sicherlich der Reduzierung der Immissionswerte an hoch belasteten Stellen. Natürlich geschieht dies zulasten eines etwas erhöhten Verbrauchs und erhöhter Betriebskosten. Circa. 300 mg/km für SCR-Fahrzeuge und 500 bis 600 mg/km für AGR-Fahrzeuge sollten nach einem Update unter gängigen Umständen realisierbar sein. Teilweise gemessene EURO6-Fahrzeugemissionen sogar oberhalb von 1000 mg/km sind indiskutabel.

Aus Immissionssicht anzuregen ist insgesamt eine schnelle Marktpenetration der neuen EURO6d-Temp-Modelle (RDE-konform), die zu einer deutlichen Entlastung der NO$_2$-Immissionswerte führen werden. In den nächsten Jahren wird sich die NO$_2$-Immissionssituation an allen Messstationen in Deutschland deutlich verbessern. Wenn überhaupt, so wird nur noch an wenigen Messstationen nach 2020 überhaupt noch ein NO$_2$-Immissionsniveau oberhalb von 40 μg/m^3 im Jahresmittel erzielt werden. Die Thematik wird sich sicherlich entschärfen. Die Sinnhaftigkeit von generellen Dieselfahrverboten ist nicht gegeben.

Ich plädiere für eine strenge, warne jedoch zugleich vor einer überzogenen weiteren Regulierung der Dieselemissionen. Die neue RDE-Gesetzgebung ist im Grunde die strengste weltweit, da unter unbekannten Fahrbedingungen eine Emissionserfüllung sichergestellt werden muss. Dies ist ein wichtiger und sehr guter Schritt.

Der Diesel ist auch nach Aussagen des Umweltbundesamtes (Helms et al. 2016; Abb. 1.15–1.18) noch immer und nach meiner Einschätzung auch noch lange der umweltfreundlichste Antrieb. Eine Verdammung des dieselmotorischen Antriebs wäre ein Sündenfall im Zusammenhang mit den Anstrengungen zur Reduzierung der weltweiten CO$_2$-Emissionen.

Was Sie aus diesem *essential* mitnehmen können

- Verständnis über die technischen Abläufe in einem Verbrennungsmotor
- Wissen über die Gründe der Dieselthematik
- Die Fähigkeit, sich ein eigenes Bild über die Vorgänge zu machen
- Einblicke in die Gesetzgebung und die neueste Technik
- Erste Grundlagenkenntnisse der Emissions- und Immissionssituation

© Springer Fachmedien Wiesbaden GmbH, ein Teil von Springer Nature 2018
T. Koch, *Diesel – eine sachliche Bewertung der aktuellen Debatte,* essentials,
https://doi.org/10.1007/978-3-658-22211-6

Literatur

ADAC Fahrzeugtechnik. (2018). *EcoTest.* 01. 2016. https://www.adac.de/_mmm/pdf/EcoTest%20Bewertungskriterien_118924.pdf. Zugegriffen: 08. Aug. 2016.

Amtsblatt der Europäischen Union Richtlinie 98/69/EG.

Beckerman, B., Jerrett M., Brook, J., Verma, D., Arain, M., & Finkelstein M. (2008). Correlation of nitrogen dioxide with other traffic pollutants near a major expressway. *Atmospheric Environment, 42*(2), 275–290.

Bhalla, K., et al. (2014). *Transport for health: The global burden of disease from motorized road transport.* Seattle: Institute of Health Metrics and Evaluation & The World Bank.

Bundesministerium für Verkehr und digitale Infrarstruktur. (2016). *Verkehr in Zahlen* (S. 223). Hamburg: DVV Media Group GmbH, 2015/2016.

Bundesministerium für Verkehr und digitale Infrastruktur. (2017). *Bericht der Untersuchungskommission „Volkswagen".* Berlin: BMVi.

Dahl, A., et al. (2006). Traffic-generated emissions of ultrafine particles from pavement-tire interface. *Atmospheric Environment,* 1314–1323.

DEKRA Automobil GmbH. (2016). *Prüfung eines Fahrzeuges hinsichtlich der Emissionen während realer Straßenfahrten.* Klettwitz: DEKRA.

Deutsche Umwelthilfe e. V. (2015). *Verbrauchsabweichungen in Deutschland und den USA – Hintergrund zur Pressekonferenz am 26. Februar 2015.* Pressekonferenz, Radolfzell: Deutsche Umwelthilfe e. V.

Dings, J. (2013). *Mind the gap! Why official car fuel economy figures don't match up to reality.* Transport and Environment (T&E).

DOJ & EPA. (10. 1998). DOJ, EPA announce one billion dollar settlement with Diesel engine industry for clean air violations. https://www.justice.gov/archive/opa/pr/1998/October/499_enr.htm.

European Environment Agency. (2015). *Air Quality in Europe.* Denmark: European Environment Agency.

European Environment Agency. (2016). *EU progress in meeting emission ceilings set out in the NECD Annexes I and II.* Copenhagen: EEA.

Gärtner, U., Benz, P., Ernst M., & Lehmann, J. (2013). Thermodynamik und Emissionskonzept der neuen Medium Duty Motoren von Mercedes-Benz für weltweiten Einsatz. *Der Arbeitsprozess des Verbrennungsmotors, 14. Tagung, 2013.* Graz.

© Springer Fachmedien Wiesbaden GmbH, ein Teil von Springer Nature 2018   63
T. Koch, *Diesel – eine sachliche Bewertung der aktuellen Debatte,* essentials,
https://doi.org/10.1007/978-3-658-22211-6

General Directorate of Sustainability. (2012). *Madrid's air quality plan 2011–2015.* Madrid: Government Division of Environment, Safety and Mobility; Madrid City Council.

Godwill, R. (2016). *Vehicle emissions testing – moving Britain ahead.* London: Department for Transport.

Grüneautos.com. (2015, 03). DUH fordert Kontrollen von Angaben zum Spritverbrauch. http://www.grueneautos.com/2015/03/duh-fordert-kontrollen-von-angaben-zum-spritverbrauch/.

Hak, C., Larssen, S., Randall, S., Guerreio, C., & Denby, B. (2010). *Traffic and air quality – Contribution of traffic to urban air quality in European cities.* ETC/ACC Technical Paper 2009/12.

Helms, H., et al. (2016). *Weiterentwicklung und vertiefte Analyse der Umweltbilanz von Elektrofahrzeugen.* Dessau: Umweltbundesamt.

Herrmann, H.-O., & Gärtner U. (2016). Bildung und Reduktion der Stickoxide bei Nfz-Dieselmotoren. *Motorische Stickoxidbildung – Nachhaltige Mobilität in Städten und im Fernverkehr.* Heidelberg.

Herstellerverbrauch vs. ADAC Eco Test-Verbrauch. https://www.adac.de/_mmm/pdf/Verbrauch%20zu%20hoch%206_254077.pdf.

Hörnig, G., & Völk, P. (2011). *Verschmutzung von AGR-Kühlern I, Abschlussbericht.* Frankfurt a. M.: Forschungsvereinigung Verbrennungskraftmaschinen (FVV) e. V.

Inc., Ecopoint. (2016). *Worldwide harmonized light vehicles test procedure (WLTP).* Ecopoint Inc. 2016. https://dieselnet.com/standards/cycles/wltp.php.

INFRAS. http://www.hbefa.net/Tools/DE/MainSite.asp. Zugegriffen: 8. Aug. 2016.

Institut für Kolbenmaschinen. (2015). Vorlesung Verbrennungsmotoren. Karlsruhe: KIT.

jod. (2017). 10 Diesel – fit für die Zukunft. *auto motor und sport*, 16–17.

Keller, M. (1999). *Handbuch Emissionsfaktoren des Straßenverkehrs, HBEFA/UBA.* CD-ROM. INFRAS; Deutschland/Umweltbundesamt. Berlin.

Keller, M., Hausberger S., Matzer, C., Wüthrich, P., & Notter, B. (2017). *HBEFA 3.3: Background documentation.* INFRAS; Deutschland/Umweltbundesamt. Berne: HBEFA.net.

Koch, T. (2015). Langfristige Potenziale des Verbrennungsmotors. *13. FAD- Konferenz „Herausforderung – Abgasnachbehandlung für Dieselmotoren".* Dresden.

Koch, T., & Toedter, O. (2018). Eine Bewertung des dieselmotorischen Umwelteinflusses. *10. Internationales AVL Forum Abgas- und Partikelemissionen* (S. 67). Ludwigsburg: AVL Deutschland GmbH.

Kufferath, A., Naber, D., & Krüger, M. (2016). „Der Dieselmotor kann mehr als die Realemissionen für Stickoxide erfüllen." *Motorische Stickoxidbildung:* Heidelberg.

Kumar, P., Pirjola, L., Ketzel, M., & Harrison R. M. (2013). Nanoparticle emissions from 11 non-vehicle exhaust sources – A review. *Atmospheric Environment, 2013*, 252–277.

LUBW Landesanstalt für Umwelt, Messungen und Naturschutz Baden-Württemberg. (2016). *Luftreinhaltepläne für Baden-Württemberg.* Karlsruhe: LUBW Landesanstalt für Umwelt, Messungen und Naturschutz Baden-Württemberg.

LUBW. (2016). „Messorte Spotmessung." persönliche Kommunikation.

Miller, J., & Franco, V. (2016). *Impact of improved regulation of real-world NOx emissions from diesel passenger cars in the EU, 2015–2030.* White Paper, Washington: International Council on Clean Transportation.

Ministerium für Verkehr, Land Baden-Württemberg. (2017). *Wirkungsgutachten Luftrein-halteplan Stuttgart.* Stuttgart.

Minkos, A., Dauert, U., Feigenspan, S., & Kessinger, S. (2017). *Luftqualität 2016 – Vorläufige Auswertung.* Dessau: Umweltbundesamt.

Motor-Talk. (2016). *Motor-Talk Europas größte Auto- und Motor-Community.* http://www.motor-talk.de/. Zugegriffen: 2016.

Newsletter, ICCT et al. (2015). *Kraftstoffverbrauch und CO_2-Emissionen neuer Pkw in der EU – Prüfstand versus Realität.* Berlin: International Council on Clean Transportation.

Peel. (2015). Is NO_2 a marker for effects of traffic pollution or a pullutant on its own, *HEI annual Meeting.* Philadelphia.

Roehrleef, M. (2013). Zusammenbringen was zusammen gehört: CarSharing und ÖPNV. *Der 6. ÖPNV-Innovationskongress.*

Schneider, C., Niederau, A., Nacken, M., & Rau, M. (2015). *Wirkungsabschätzung weiterer Maßnahmen für den Ballungsraum Stuttgart.* Karlsruhe: LUBW Landesanstalt für Umwelt, Messungen und Naturschutz.

Spicher, U., & Matousek, T. (2014). Energiebedarf und CO_2-Emissionen von konventionellen und neuen Kraftfahrzeugantrieben unter Alltagsbedingungen. *Der Antrieb von morgen 9. MTZ-Fachtagung.*

Spiegel. (2015). *Neuer Abgastest: Die dreckige Wahrheit über Dieselautos.* http://www.spiegel.de/auto/aktuell/abgastest-wltp-die-dreckige-wahrheit-ueber-dieselautos-a-1051073.html. Zugegriffen: 04. Sept. 2015

Amt für Umweltschutz Landeshauptstadt. (2015). *NO_2 und PM10 Grafiken 2004–2015 – Stadtklima Stuttgart.* Abteilung Stdtklimatologie. Stuttgart. www.stadtklima-stuttgart.de/stadtklima_filestorage/.../NO2-und-PM10_2004-2015.pdf.

Umweltbundesamt. (2016). *Luftschadstoffbelastung in Deutschland.* GISU Geographisches Informationssystem Umwelt. http://gis.uba.de/Website/luft/index.html.

Umweltbundesamt. (02. 2017). *Stickstoffoxid-Emissionen.* http://www.umweltbundesamt.de/en/node/15675. Zugegriffen: 26. Sept. 2017.

Zentrum für Technomathematik. (2008). *Erweiterung und Parameteroptimierung eines Abgas-temperaturmodells.* http://www.math.uni-bremen.de/zetem/cms/detail.php?id=5551. Zugegriffen: 2016.

Printed in the United States
By Bookmasters